凝煉知識 品味閱讀

粗糙集入門及應用

附Matlab程式光碟

溫坤禮　永井正武　張廷政　溫惠筑 著

An Introduction to Rough Set Theory and Application

五南圖書出版公司 印行

序 言

在西方的世界，波蘭的數學家 Z. Pawlak 針對 G. Frege 的邊界線區構想於 1982 年提出了粗糙集（rough set）的概念，並出版了第一本粗糙集的書。接著在 1992 年 R. Slowinski 主編的關於粗糙集應用及相關方法比較研究的論文集也隨著出版。雖然此一理論已經發展了近三十年，並且經過許多電腦學家和數學家不懈地研究，已經在理論上日漸趨於完善，特別是由於八十年代末和九十年代初在知識發現等領域得到了相當成功的應用，而越來越受到國際上的廣泛關注。

基於粗糙集的知識理論，不需要預先給定一些特徵或者屬性的數量，可以藉由現有的數據出發，實施知識約簡，為處理不精確極不完全訊息的研究提供一種更符合人類知識的知識理論。因此，粗糙集理論是一種處理不精確、不確定與不完全數據的較新的數學方法，並且已經成為熱門的研究領域。

而在臺灣也是有相當多的學者投入此一領域，並且在資訊系統，人工智慧、決策支持系統、知識與數據挖掘、模式識別與分類及故障檢測等方面得到了相當多成功的成果。但是各位會發現，在所有的粗糙集書籍中，均為英文、日文及簡體中文版，並無繁體中文版之書籍，使得學習此一理論變的相當困難。因此作者大膽的將近年的研究心得加以整理，以最淺顯的中文繁體字版加以呈現，並使用工程界最強大之計算軟體之一 Matlab 加以輔助，完成此一基本且簡單的粗糙集入門書，期能對初學者有所助益。

本書的特點為理論部分的明確及利用 Matlab 語言以配合國際化走

向的需求。第一章為粗糙集理論的基本概念，內容為基本概念集相關軟性數學的說明。第二章則為粗糙集理論的數學觀念，有不可分辨關、下近似集、上近似集、邊界集、正域、近似精確度、粗糙度、歸屬函數、屬性約簡與核的介紹。第三章對區間數與區間運算做一完整的介紹，主要的目的為連結類比系統與數位系統的數學。第四章則將第二章中的理論部分加以完整的解析。第五章為應用實例及自行研發之分類、不可分辨關係、依賴度、約簡及核的Matlab工具箱，以提供讀者能做一實地的練習及驗證結果之用。

由於作者才疏學淺，如有缺失尚請先進不吝指教。

作者　謹識於彰化　建國科技大學　電機研究所

灰色系統分析研究室（Grey System Research Center: GSRC）

2008 年

編輯方針

本書主要係針對粗糙集理論之基本方法做一介紹，希望能使初學者很快的進入粗糙集理論的領域並加以應用，主要的特色在於將繁雜的數學模式以簡單的文字將以表示，除了列舉了許多實用實例以使讀者能親身體驗外，並自行撰寫Matlab程式以輔助運算，因此建議自學粗糙集理論時理論部分和實例互相穿插。

此外本書的編排為一學期之課程，對於一學期三學分每週三小時（共四十八小時）的課程，建議教學進度如下：

章節	內容	時數	教學進度
第一章	粗糙集理論的基本概念	六小時	三小時：粗糙集理論基本概念 三小時：其他相關之數學模型比較
第二章	粗糙集理論的基本數學觀念	十二小時	三小時：不可分辨關係及相同關係 三小時：下近似集、上近似集、邊界集、正域及相關定義 三小時：近似精確度、粗糙度與歸屬函數 三小時：屬性約簡與核
第三章	區間數與區間運算	六小時	三小時：區間數基本觀念及定理 三小時：區間數的運算及連結
	期中討論	三小時	討論相關之期刊及論文
第四章	粗糙集的數學模型	九小時	三小時：基本數學模型與知識庫 三小時：離散化模式解析 三小時：粗糙集數學模型完整解析
第五章	粗糙集的應用實例及 Matlab 程式	九小時	六小時：應用實例解析 三小時：電腦程式操作及應用
	期末討論	三小時	討論相關之期刊及論文

目　錄

第 1 章　粗糙集的基本概念　1

1.1　前言　2
1.2　粗糙集的產生　3
1.3　粗糙集的基本假設—知識　5
1.4　粗糙集的特性　9
1.5　粗糙集、模糊集、實證理論與灰色理論的異同性　13
1.6　粗糙集的研究內容　17
1.7　粗糙集的未來發展　18

第 2 章　粗糙集的基本數學概念　21

2.1　集合的基本性質　22
2.1.1　集合的包含性質　22
2.1.2　交集的性質　23
2.1.3　聯集的性質　24
2.1.4　差集的性質　25
2.1.5　補集的性質　25
2.1.6　集合的基本演算（交集、聯集、補集與迪摩根

（Demorgan）定理） 26

2.2 集合關係 27

2.2.1 有序對 27

2.2.2 有序對的關係 29

2.2.3 關係的性質 31

2.2.4 等價關係 31

2.2.5 關係矩陣 32

2.2.5 等價關關係的近似空間與不可分辨 35

2.2.6 基本知識與知識庫的關係 40

2.3 粗糙集的範疇和不確定性 44

2.3.1 上近似集和下近似集 44

2.3.2 R 邊界和正域，負域 46

2.3.3 近似精確度與粗糙度 52

2.3.4 粗糙集歸屬函數（rough membership function） 61

2.3.5 近似集的性質 65

2.3.6 粗糙集的相同關係和粗糙關係 68

2.3.7 粗糙函數 70

第 3 章 區間數與區間運算 73

3.1 區間數 74

3.2 區間的運算 78

3.3 區間的距離 83

3.4 多級區間數 84

3.4.1 二級區間數 84
3.4.2 n級區間數 90
3.4.3 無限級區間數 92
3.4.4 具有極大值的模糊數 94
3.5 α-cut 及分解定理 98
3.5.1 界限（level）集合與分解定理 99
3.5.2 擴張原理 103

第 4 章 粗糙集的數學模型 105

4.1 知識資訊系統與決策表 106
4.1.1 知識資訊系統 107
4.1.2 決策表 111
4.2 離散化方法 116
4.2.1 等間距離散化（equal interval width） 117
4.2.2 等頻率離散化 120
4.2.3 k-means 分群法 122
4.3 知識約簡和數據的依賴性 131
4.3.1 可省略性（dispensable）與獨立性（independent） 131
4.3.2 屬性的依賴度（Dependents） 134
4.3.3 粗糙集的約簡（reduct）和核（core） 136
4.3.4 屬性的重要性（Significant） 140
4.4 知識資訊系統與決策表的公式化 142
4.4.1 知識資訊系統的公式化 142

4.4.2 決策表的公式化 146

第 5 章 粗糙集的應用實例及 Matlab 程式 155

5.1 粗糙集的應用實例 156

5.2 Matlab 應用程式 173

5.2.1 工具箱的特性及需求 173

5.2.2 工具箱的內容 173

5.2.3 U 關於屬性 a 的分類 174

5.2.4 不可分辨關係 176

5.2.5 依賴度 177

5.2.6 分群類別 178

5.2.7 核：對任意非空集合 $C, D \subseteq A$，求 C 的 D 核 180

圖目錄

圖 1-1　集合的圖示法　6

圖 1-2　粗糙集的研究內容流程圖　18

圖 2-1　集合的包含關係　23

圖 2-2　集合的交集關係（$C=A\cap B$）　24

圖 2-3　集合的聯集關係（$C=A\cup B$）　24

圖 2-4　集合的差集關係 $\overline{A}=B-A=\{C: C\in B, C\not\subset A\}$　25

圖 2-5　粗糙集的基本概念圖　47

圖 2-6　近似空間中集合 X 可定義性的示意圖　56

圖 2-7　粒度比較　60

圖 2-8　實函數 $f(x)$ 與兩個離散函數的關係　71

圖 3-1　區間數 A　75

圖 3-2　區間數 A，A^- 及 A^{-1}　78

圖 3-3　二級區間數的計算準則　85

圖 3-4　四種運算的情形及結果　86

圖 3-5　$A_{\alpha_1\alpha_2}+B_{\alpha_1\alpha_2}=[a_1+b_1, a+b]_{\alpha_1}\cup[a+b, a_2+b_2]_{\alpha_2}$ 之結果　87

圖 3-6　$A_{\alpha_2\alpha_1}B_{\alpha_2\alpha_1}=[a_1b_1, ab]_{\alpha_2}\cup[ab, a_2b_2]_{\alpha_1}$ 之結果　88

圖 3-7　凸二級區間及凹二級區間　89

圖 3-8　凹凸二級區間 $A_{\alpha_1\alpha_2\alpha_1\alpha_2}$ 及 $A_{\alpha_2\alpha_1\alpha_2\alpha_1}$　89

圖 3-9　6 級區間（$n=6, m=11$）　92

圖 3-10　$m=2n-1$ 時的 n 級區間數　93

圖 3-11　連續單調的函數　94

圖 3-12 『7』與『$\underset{\sim}{7}$』 94
圖 3-13 模糊數與 α 級區間 96
圖 3-14 歸屬函數與 A_α 的關係 96
圖 3-15 歸屬函數與 $A_\alpha = 2$ 的關係 98
圖 3-16 A 及 α-level 集合-1 99
圖 3-17 及 α-level 集合-2 100
圖 3-18 A 及 α-level 集合-3 101
圖 3-19 分解定理 103
圖 4-1 等價畫分的示意圖 110
圖 4-2 知識資訊系統的主要處理步驟和過程 113
圖 4-3 某公司肉包銷售量 118
圖 4-4 某校運動的 1,500 公尺賽跑之成績分布 121
圖 5-1 衝擊電壓產生器及球間隙放電系統圖 162
圖 5-2 欲分析資料型態 166
圖 5-3 本書所提供之 Matlab 程式 174
圖 5-4 U 關於屬性 a 的分類（calss） 175
圖 5-5 不可分辨關係（indiscernibility relation） 176
圖 5-6 依賴度（dependents）執行畫面 178
圖 5-7 分群結果 179
圖 5-8 執行核的結果 181

表目錄

表 1-1 集合論的代表性符號一覽表 6
表 1-2 $K=(U,R)=(U,R_1,R_2,R_3)$ 8
表 2-1 關係 R 及 U 例一覽表 36
表 2-2 某公司招募新進人員訊息系統表 38
表 4-1 醫療診斷系統部分數據表格 109
表 4-2 粗糙集決策表 111
表 4-3 7 段顯示器知識表達系統 114
表 4-4 某些動物的知識表達系統 114
表 4-5 一個小汽船的知識表達系統 115
表 4-6 某種精密機械的初始備件決策表 115
表 4-7 某公司肉包銷售量（個） 118
表 4-8 離散化之數值範圍 118
表 4-9 等間距離散化之結果 119
表 4-10 子宮頸癌病患之診斷基本資料表 119
表 4-11 年齡離散化之數值範圍 120
表 4-12 等間距離散化之結果 120
表 4-13 基本能力測驗原始成績表 124
表 4-14 正規化後之數值 124
表 4-15 離散化之數值範圍 124
表 4-16 *k*-means 離散化之結果 125
表 4-17 氣體絕緣破壞特徵的大小值 125

表 4-18　十組氣體絕緣破壞的試驗值 126
表 4-19　十組氣體絕緣破壞的試驗值平移後之數值 127
表 4-20　十組氣體絕緣破壞的試驗值之正規化數值 127
表 4-21　十組氣體絕緣破壞的試驗值離散化之數值範圍 128
表 4-22　十組氣體絕緣破壞的試驗值經 *k*-means 離散化之結果 128
表 4-23　臺灣地區十個旅遊景點的評比值（10 分為滿分，並為望大） 129
表 4-24　臺灣地區十個旅遊景點的正規化值 129
表 4-25　臺灣地區十個旅遊景點評比值離散化之數值範圍 130
表 4-26　臺灣地區十個旅遊景點評比值經 *k*-means 離散化之結果 130
表 4-27　變形金剛玩具離散訊息系統表 135
表 4-28　知識資訊系統 138
表 4-29　某一個知識資訊系統 144
表 4-30　患者到醫院檢查之決策表 147
表 4-31　約簡後的決策表 149
表 4-32　欲約簡之決策表 152
表 4-33　協調決策表 153
表 4-34　不協調決策表 154
表 5-1　氣體絕緣破壞特徵的大小值 157
表 5-2　三十組氣體絕緣破壞的試驗值〔次〕 158
表 5-3　三十組氣體絕緣破壞的模擬值與誤差 159
表 5-4　*k*-means 轉換 160
表 5-5　重要性與權重值 161
表 5-6　權重聚類表 161

表 5-7　子宮頸癌診斷資料表　165
表 5-8　重要性與權重值　167
表 5-9　巨人隊主場比賽的資料　167
表 5-10　巨人隊主場比賽的資料（續）　169
表 5-11　各個因子的定義說明　170
表 5-12　各級因子的界限值　171
表 5-13　離散化後之數值　171
表 5-14　經由粗糙集模型所得之約簡與核　172
表 5-15　屬性的分類實例（1：日本。2：臺灣。3：美國）　174
表 5-16　屬性分類後之結果　175
表 5-17　不可分辨關係實例　176
表 5-18　依賴度實例　177
表 5-19　欲分群的數值　178
表 5-20　分群結果　179
表 5-20　欲求核之數值　180
表 5-21　核結果　180

常用粗糙集符號一覽表

$\equiv$	等價（定義；若且為若）
$\exists$	存在
$\forall$	任意的，全部的
$\Rightarrow$	依賴
$P \Rightarrow Q$	Q 依賴於 Q
$-$	否定（非）
$\wedge$	與（合併，最小）
$\vee$	或（分解，最大）
$\rightarrow$	當…則（蘊含）
U	論域（Universe；全集合），$U = \{x_1, x_2, \Lambda, x_n\}$
$K \equiv K'$	知識庫 K 和知識庫 K' 等價
(U, R)	R 為論域 U 上的劃分表達的等價關係空間，$K = (U, R)$
$X \in U$	子集合 X 屬於 U，稱為 U 中的一個範疇
$X \notin U$	子集合 X 不屬於 U
$U\|R, U/R, \frac{U}{R}$	根據關係 R，U 中構成的所有等價類
$P \subset R$	P 是屬於 R 的一個基本範疇，P 為 R 的真子集合
$P \subseteq R$	R 包含 P
$\cup P$	P 的聯集
$\cap P$	P 的交集
max.	最大
min.	最小

V_a	屬性a的屬性值
d_x	定義決策規則函數
$card(U)=\|U\|$	集合U的基數
$core\,(P)$	P的核。基於P，U中所有不可省略關係的集合
$des\{X_i\}$	X_i的一種等價描述
$ind\,(P)$	P上的不可分辨關係
$[X]_R$	基於R的X的等價類，並且$X \in U$
$d_R(X)$	等價集合R可定義的精度
$\gamma_R(F)$	知識F的R近似質量
$\overline{R}(X)$	X的R上近似集。基於R，可能歸入X的元素的集合
$\underline{R}(X)$	X的R下近似集。基於R，一定能歸入X的元素的集合
$bn_R(X)$	X的R邊界域。基於R，不能歸入X或$-X$的元素的集合
$pos_R(X)$	X的R正域，亦即$\underline{R}(X)$
$neg_R(X)$	X的R負域，亦即$\underline{R}(X)$
$red(P)$	P的所有約簡集合
$x \in_{\overline{R}}(X)$	x為下成員關係。基於R，x確定地屬於X
$x \in_{\underline{R}}(X)$	x為上成員關係。基於R，x可能屬於X
$(X)_{\underline{R}}(Y)$	X和Y為R下等價關係
$(X)_{\overline{R}}(Y)$	X和Y為R上等價關係
$(X)R(Y)$	X和Y為R等價關係
$(X)\underline{C}(Y)$	X為R下包含於Y
$(X)\overline{C}(Y)$	X為R上包含於Y
$(X)C(Y)$	X為R包含於Y
$\alpha_B\,(U)$	B的判別指標，表示屬性B的集合描述Y中對象的歸屬度

第 1 章

粗糙集的基本概念

1 前言

2 粗糙集的產生

3 粗糙集的基本假設一知識

4 粗糙集的特性

5 粗糙集、模糊集、實證理論與灰色理論的異同性

6 粗糙集的研究內容

7 粗糙集的未來發展

1.1 前言

在自然科學，社會科學和工程技術的很多領域中，都不同程度地涉及到對不確定性（uncertainty）問題和對不完備（imperfect）資訊的處理。從實際系統中所得到的數據往往包含著雜訊，不夠精確甚至不完整，如果採用純數學上的假設以來消除或迴避這種不確定性，效果往往不甚理想。反之如果對這些資訊進行合適地處理，會有助於相關實際系統問題的解決。

正因為如此，多年來研究人員一直在努力尋找能處理不確定性和不完整（備）性的有效途徑，首先發現機率統計方法和模糊集是其中的兩種方法，並且已經廣泛的應用於一些實際領域。但是這些方法有時候需要一些數據的附加資訊或知識，例如統計機率分布及模糊歸屬函數等，不過這些資訊並不是很容易的可以得到，因此產生了許多衍生的研究方式，例如灰色理論、可拓理論及粗糙集（rough set），本書則鎖定在粗糙集的研究上。

例 1.1 例舉各種不確定性

解：(1) 隨機性：隨機現象的不確定性，這是已經有很久歷史的經典概念。

(2) 模糊性：模糊概念下的不確定性，通常是由經驗法則歸屬函數發生的不確定性（1968 年由 Zadeh 提出）。

(3)　粗糙性：資訊系統中知識和概念的不確定性。

此外，還有 1948 年仙農（C. E. Shannon）以起源於經典熱力學，借用資訊熵（entropy）的概念以度量系統的隨機程度，從資訊理論觀點奠定了這理論基礎，並且成功實現了隨機性的數理觀念。現在熵廣泛用於不確定性度量，而仙農熵則被稱為系統的熵。

1.2　粗糙集的產生

Z. Pawlak（波蘭；1982 年）針對 1904 年謂詞邏輯創始者弗里格（G. Frege；德國，1848～1925）的邊界線區構想提出了粗糙集的概念，並出版了第一本關於粗糙集的書。對粗糙集而言，Z. Pawlak 將有關想法確認的個體都歸屬在邊界線區域內，而這種邊界線區域則被定義為上近似集和下近似集的差集。由於粗糙集可以用明確的數學公式加以描述，所以模糊集元素的數目是可以被計算的，亦即在 0 和 1 之間的模糊度是可以計算而求得。粗糙集主要特點恰好能處理不分明問題的常規性，並且以不完整的資訊或知識去處理一些不明確現象的能力。

以數學的方式而言，粗糙集則是利用以後會更詳細說明的下近似集和上近似集的方式，在不需要任何先驗假設或額外的相關數據資訊之下，依據所觀察及度量到某些不精確的結果而進行數據分類的能力。而所謂的分類就是推理、學習和決策中的關鍵問題。二十多年來，粗糙集經過許多電腦學家、數學家不懈地研究，已經在理論上日漸趨於完善。特別是由於上一世紀八十年代末和九十年代初在知識發現等領域得到了相當成功的應用，而越來越受到國際上的廣泛關注。粗糙集理論模型應用層面廣泛，涵蓋醫學工程、製程管理、財務工程等，目前主要大量應用於企業破產預警、資料庫行銷與金融投資預測三大領域。主要的原因是：粗糙集理論中內的特徵主要是可以藉由歷史資料庫（知識庫），挖掘資訊中隱藏的模型藉以預測未來。

而這三大領域的歷史資料庫皆由多種屬性資訊表建立，並且擁有相似的預測特徵。本書將有系統地介紹智能處理研究領域近年來迅速發展的粗糙集理論。該理論不僅能研究精確知識的表達、學習及歸納等方法，也具有大量數據資訊發現，推理知識和分辨系統的特徵、過程及對象等功能。粗糙集理論的應用通常是結合統計方法、模糊集、神經網絡及灰色理論，用以進行推理學習、處理不完整數據和解決不精確性等等問題。經由與其他理論進行整合應用，對於粗糙集理論的屬性、不可辨識與結果檢測進行探討與改良，使得粗糙集理論更具深度與廣度。

由於粗糙集是一種刻劃不確定性和不完整性的數學工具，能有效地分析不精確，不完整（incomplete）和不一致（inconsistent）等各種不完備的資訊，還可以對數據進行分析和推理，從其中發現隱含的知識和潛在的規律。經由歸納，可以得知粗糙集能夠有效地處理下列問題：

⑴不確定或不精確知識的表達

⑵經驗學習並從經驗中獲取知識

⑶不一致資訊的分析

⑷根據不確定及不完整的知識而進行推理

(5)在保留資訊的前提下進行數據約簡

(6)加以數據分類，分解近似建模型

(7)識別並評估數據間的相互依賴關係

(8)系統內各個因子之分類及重要性分析

1.3　粗糙集的基本假設—知識

「知識」這個概念在不同的范疇內有多種不同的含義。在粗糙集理論中「知識」被認為是一種分類能力，人們的行為是基於分辨對象為現實的或抽象的能力。例如在遠古時代，人們為了生存必須能分辨出什麼可以食用，什麼不可以食用；醫生診斷病患時，必須辨別出患者得的是哪一種病。這些根據事物的特徵差別將其分門別類的能力均可以看作是某種「知識」。由此可以得知知識在人工智慧中是一個非常重要的概念，而在粗糙集中，知識是對定義為全體討論領域的一個劃分，也是一種對對象進行分類的能力。

換言之，假設全集合為論域（universe；又稱域或對象）U，（$U \neq \phi$），其中 $\forall x \in U$ 稱為 U 中的一個概念（concept），U 中的一個概念集合 $U=\{x_1, x_2, x_3, \cdots, x_n\}$ 稱為關於 U 中的知識。此時 $x_i \subseteq U$，$x_i \neq \phi$，$x_i \cap x_j = \phi, i \neq j, i, j = 1, 2, 3, \cdots, n$，$\cup_{i=1}^{n}\ x_i U$，其中空集合本身也是一個概念集合。

例 1.2 集合：按照同一目的或特點，將所有的研究對象（元素）組合在一起。

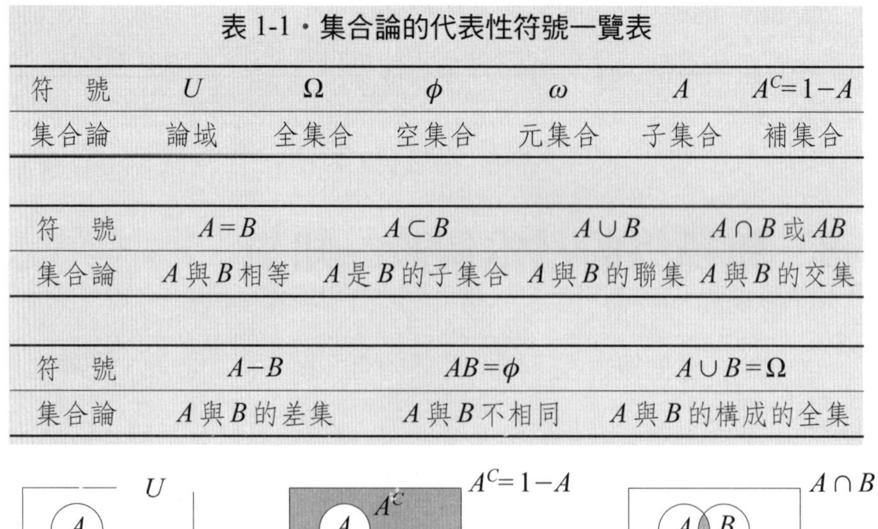

表 1-1．集合論的代表性符號一覽表

符　號	U	Ω	ϕ	ω	A	$A^C=1-A$
集合論	論域	全集合	空集合	元集合	子集合	補集合

符　號	$A=B$	$A\subset B$	$A\cup B$	$A\cap B$ 或 AB
集合論	A 與 B 相等	A 是 B 的子集合	A 與 B 的聯集	A 與 B 的交集

符　號	$A-B$	$AB=\phi$	$A\cup B=\Omega$
集合論	A 與 B 的差集	A 與 B 不相同	A 與 B 的構成的全集

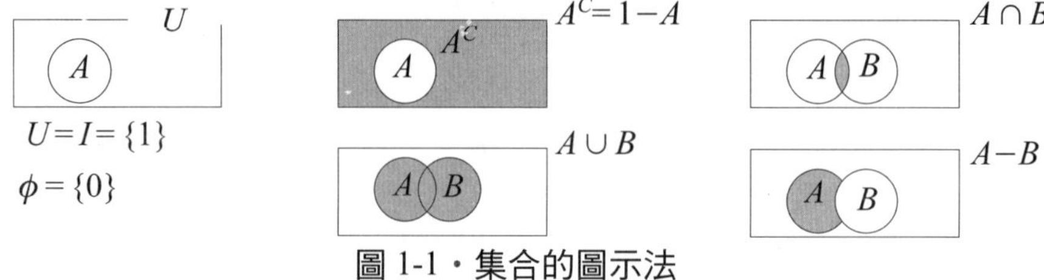

圖 1-1．集合的圖示法

(1)　集合表示方法

①列舉法：$U=\{x_1, x_2, x_3, \cdots, x_n\}$

$A=\{a, b, \cdots, n\}$，$B=\{1, 2, 3, \cdots, m\}$，$C=\{$陳，林，李，蔡，史$\}$

②描述法

$A=\{x\,|\,\varphi(x)\}$：A 為滿足 $\varphi(x)$ 的一切 x 組成的集合

$B=\{x\,|\,x\in N$，並且 $0\leq x\leq 2\}$，$\mathrm{N}=\{0, 1, 2, \cdots, n, \cdots\}$：0～2 中最小元素的集合

(2)　空集合：$A=\{0\}=\{\}=\phi$

如果$A=\{a, b, c, d\} \rightarrow card(A)=|A|=4$ 表示該集合元素的數目

$a \in A$：元素a屬於A，$f \notin A$：元素f屬於A。

如果$A=\{a, b, c, d\}$，$B=\{b, d\}$則$A \subset B$。

例 1.3　給定人力資源的集合$U=\{x_1, x_2, x_3, \cdots, x_8\}$，並且假設有不同學歷（學士，碩士，博士）、學術領域（工程，商學，醫學）及性別（男，女）。這例子的目的是為說明「知識（分類能力獲得的概念或範疇的集合）」，「知識庫」和「近似空間」。

解：(1)　按顏色、形狀及體積分類：

①學歷

學士：x_1，x_3，x_7

碩士：x_2，x_4

博士：x_5，x_6，x_8

②學術領域

工程：x_1，x_5

商學：x_2，x_6

醫學：x_3，x_4，x_7，x_8

③性別

男：x_2，x_7，x_8

女：x_1，x_3，x_4，x_5，x_6

換言之，定義三個新的屬性：學歷R_1、學術領域R_2及性別R_3，根據這些屬性的新定義，我們可以得到下面的三種分類：

$$U|R_1 = \{\{x_1, x_3, x_7\}\{x_2, x_4\}\{x_5, x_6, x_8\}\}$$

$$U|R_2 = \{\{x_1, x_5\}\{x_2, x_6\}\{x_3, x_4, x_7, x_8\}\}$$

$$U|R_3 = \{\{x_2, x_7, x_8\}\{x_1, x_3, x_4, x_5, x_6\}\}$$

這樣，在我們的方法中，可以把知識的概念或範疇加以整理，獲得分類的能力。那麼，$U=\{x_1, x_2, x_3, \cdots, x_n\}$中的任意概念族稱為關於$U$的抽象知識，簡稱知識。例如，子集合$\{x_1, x_3, x_7\}$就是$U=\{x_1, x_2, x_3, \cdots, x_8\}$中按學歷分類的「學士程度的」知識，$\{x_1, x_5\}$就是$U=\{x_1, x_2, x_3, \cdots, x_8\}$中按學術領域分類的「工程的」知識等等。通常，我們不只是處理只有一個單獨的分類，而是處理$U=\{x_1, x_2, x_3, \cdots, x_n\}$上的一些分類族。一個$U$上的分類族則定義為一個$U$上的知識庫，它構成了一個特定論域的分類，如果我們定義這知識庫為K，則

$$K=(U, R)=(U, R_1, R_2, R_3) \qquad (1\text{-}1)$$

如果R是U上的劃分$R=\{X_1, X_2, \cdots, X_n\}$表達的等價關係，因此$(U, R)$又稱為近似空間，而$R$是$U$上等價關係的一個族集合。知識庫$K$的等價關係表也可以表示如表 1-2 所示。

表 1-2．$K=(U,R)=(U,R_1,R_2,R_3)$

U/R	R_1	R_2	R_3
x_1 x_x $\vdots$ x_n			

例 1.4　粗糙集「概念近似」的想法

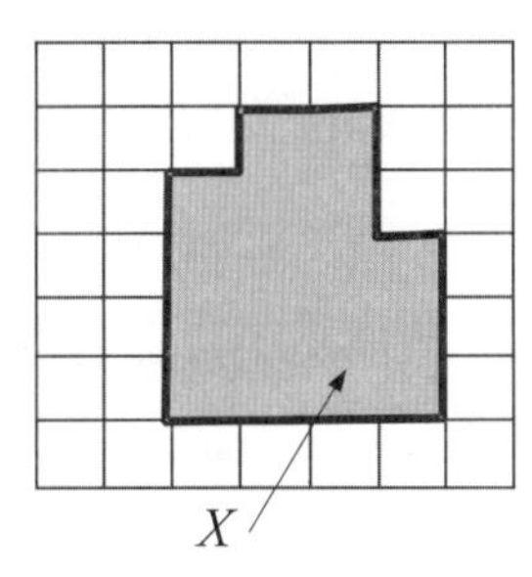

確定的：
X與基本要素$[x]_R$符合

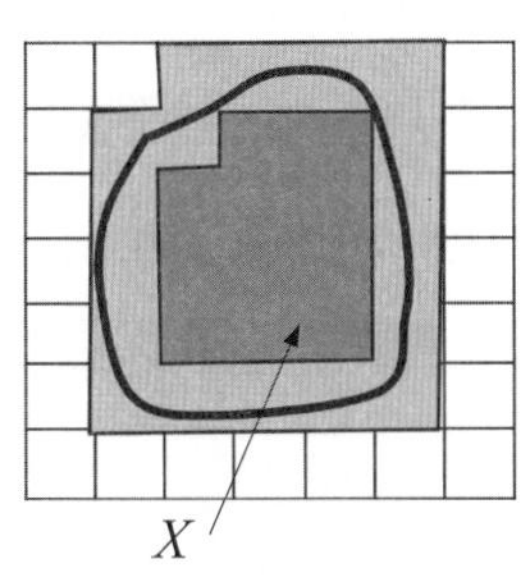

非確定的：
X與基本要素$[x]_R$
不符合得很好

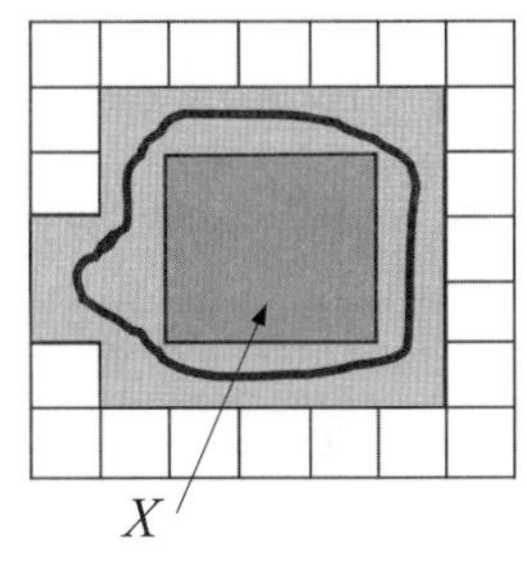

不能定義的：
X與基本要素$[x]_R$
不能符合

1.4　粗糙集的特性

1. 粗糙集是一種軟計算方法軟計算（soft computing）

   此概念是由模糊集創始人 L. A. Zadeh 所提出的。軟計算中的主要工具包括粗糙集，模糊邏輯，神經網路，機率推理，信度網路（belief networks），遺傳算法（GA）與混沌（chaos）理論等。而傳統的計算方法則稱為硬計算（hard computing），是使用精確、固定和不變的算法表達和解決問題。其中軟計算是利用所允許的不精確性，不確定性和部分真實性以得到易於處理和成本較低的解決方案，達到與現實系統最佳的協調。

2. 粗糙集方法相當簡單實用並具有以下幾個特點

   (1)它能處理各種數據，包括不完整的數據以及擁有眾多變量（parameters）的數據。

⑵它能處理數據的不精確性和模稜兩可性（ambiguity），包括確定性和非確定性兩種情況。

⑶它能求得知識的最小表達和知識的各種不同顆粒（granularity）層次。

⑷它能從數據中找出概念，簡單並且易於操作的模式（pattern）。

⑸它能產生精確而又易於檢查和證實的規則，特別適於智能控制中規則（rule）的自動生成。

3. 粗糙集的應用

粗糙集是一門實用性很強的學科，從誕生到現在雖然只有二十幾年的時間，但已經在不少領域取得了豐碩的成果。例如在近似推理，數字邏輯分析和約簡，建立預測模型、決策支援、控制算法獲取、機器學習算法和模式識別等等。粗糙集已同時被廣泛地應用於人工智慧、醫療數據分析自動控制、模式識別、語言識別以及各種智能資訊處理等領域，並且獲得了豐碩的成果。以下簡單介紹粗糙集應用的幾個主要領域。

⑴從數據庫中將「知識」發現

現代社會中隨著資訊產業的迅速發展，大量來自金融，醫療及科學研究等不同領域的資訊被儲存在數據庫中，這些浩瀚的數據間隱含著許多有價值但鮮為人知的相關性。例如股票的價格和一些經濟指數有什麼關係，手術前病患的病理指標可能與手術是否成功存在某種關聯等等。日本在這一方面也有長足的進展，特別是感性工學方面的應用。

由於數據庫的過於龐大，人工處理這些數據幾乎是不可能的，於是出現了一個新的研究方向—數據庫中的知識發現（knowledge discovery in databases, KDD），也稱為數據發掘或數據挖掘（data mining），它是目前國際上人工智慧領域中研究較為活躍的分支，而粗糙集正是其中的一種重要的研究方法。所採用的資訊表與關係數據庫中的關係數據模型相當相似，因此就將植基於粗糙集的演算法嵌入數據庫管理系統中，利用粗糙集引入核（core）及約簡（reduct）等的概念與方法，從數據中匯出使用 if then 規則形式描述的知識，使得知識更方便於儲存和使用，迄至目前為止，對於預測準確率可以提高數倍。

⑵人工神經網路訓練樣本集後約簡

人工神經網路具有平行處理，高度容錯和廣泛化能力的特點，適合應用在預測，複雜對象建模和控制等場合。但是當神經網路規模較大及樣本較多時，訓練時間會過於漫長，此些缺點是限制神經網路進一步實用化的一個主要原因。雖然各種提升訓練速度的算法不斷出現，問題仍未徹底解決。人們發現約簡訓練樣本集合，消除多餘（superfluous）的數據是另一條提升訓練速度的途徑，而應用粗糙集則可以使用約簡神經網路訓練樣本數據集合，在保留重要資訊的同時，也消除了多餘的數據，使得模擬的速度提升了許多倍，獲得了較好的效果。

⑶重新獲得控制規則中的新演算法

實際系統中有很多複雜對象很難於建立數學模型，此時傳統的數學模型的控制方法就難以奏效。而模糊控制是類比於人類的模糊推理和決策過程，將操作的控制經驗總結為一個系列的語言控制規則，具有強韌性和簡單性的特點，在工業控制等領域發展較快。但是在有些複雜對象的時候，控制規則難以獲得，因此限制了模糊控制的應用。而粗糙集則能夠自動抽取控制規則的特點，提供瞭解決此一難題的方式。

應用粗糙集進行控制的方式是將控制過程的一些有代表性的狀態，以及操作者在這些狀態下所採取的控制策略均加以記錄，然後利用粗糙集處理所記錄的數據，分析操作者在何種條件下會採取何種控制策略，總結出一系列的控制規則。

規則 1：if condition 1 滿足 then 採取 decision 1
規則 2：if condition 2 滿足 then 採取 decision 2
規則 3：if condition 3 滿足 then 採取 decision 3

此種根據觀測數據獲得控制策略的方法通常被稱為從範例中學習（learning from examples）。粗糙集控制與模糊控制都是基於知識及基於規則的控制，但是粗糙控制更加簡單迅速，實現容易（因為粗糙集控制有時可省卻掉模糊化及去模糊化的步驟）；另一個優點是在於控制演算法可以完全來自數據本身，所以從軟體工程的角度來看，決策和推理過程與模糊控制相比可以很容易被檢驗和證實（verification），在特別要求控制單元架構與演算法簡單的場合下，粗糙集控制比模糊控制更能適合。

(4)經過推理得出肯定的決策支援系統結論

在面對大量的資訊以及各種不確定元素，要作出科學及合理的決策是非常困難的，而決策支援系統主是一組協助制定決策的工具，重要特徵就是能夠執行 if-then 規則並進行判斷分析。粗糙集可以在分析以往大量經驗數據的基礎上找到這些規則，彌補了一般傳統決策方法的不足，允許決策對象中存在一些不太明確及不太完整的屬性，並且經過推理得出肯定的結論。

1.5 粗糙集、模糊集、實證理論與灰色理論的異同性

1. 粗糙集與模糊集

粗糙集與模糊集都能處理不完備數據，但是方法不同。模糊集注重描述資訊的含糊（vagueness）程度，而粗糙集則強調數據的不可分辨（indiscernibility）、不精確（imprecision）和模稜兩可（ambiguity）的情形。如果使用影像處理中的語言做比喻，當所討論的影像的清晰程度時，粗糙集是強調組成影像畫素的大小，而模糊集則是強調畫素本身存在不同的灰階值。

粗糙集研究的是不同類中的對象組成的集合之間的關係，重點在分類；而模糊集研究的是屬於同一類的不同對象的歸屬關係，重點在歸屬的程度。因此粗糙集和模糊集是兩種不同的理論，但又不是相互對立的，它們在處理不完整數據上是相輔相成的。可以說粗糙集與模糊集不是互相競爭，而是互相互補的關係。

2. 粗糙集與實證理論

粗糙集與實證理論雖有一些相互交疊的地方，但本質是不同的。粗糙集是使用集合的下近似集及上近似集，對於給定數據的計算

是客觀的，無需知道關於數據的任何先前知識（例如機率分布等）。而證據理論則使用信任函數（belief function），需要假定的似然值（plausibility）。

3. 粗糙集與灰色理論

粗糙集與灰色理論中的 GM (h, N)模型有相似的地方，在應用上可以得到欲分析系統的因子權重值。但是在本質上，粗糙集使用集合的下近似集及上近似集，而 GM (h, N)模型則是使用差分方程的函數（difference function）做為主要工具。此外粗糙集和 GM (h, N)模型均為多輸入方式（multi-input），但是在輸出時，粗糙集可以為多輸出（multi-output）及單輸出，但是 GM (h, N)模型只能為單輸出的型式。

例 1.5 傳統集合，模糊集與灰色集定義的區別

解：(1) 傳統集合：如果論域 U 的傳統集合為 A，X_A 為集合 A 的特徵函數時，則

$$x \in X$$

$$\left.\begin{array}{l} x \in A, \\ x \in \overline{A} \end{array}\right\}$$

$$\therefore \quad A = \{x \mid p(x)\}$$

亦即，傳統集合 A 的特性函數為 $X = X_A$

①列舉表示法：$X = \{x_1, x_2, \cdots, x_n\}$

②定義表示法：$A = \{ u_i \mid X(u_i) = 1 \}$

③特徵函數表示法：

$$\left.\begin{array}{l} X_A : U \to \{0,1\} \\ u \mapsto \begin{cases} 1, & u \in A; \\ 0, & u \in A. \end{cases} \end{array}\right\}$$

④特徵：非此，即彼。

⑤表現資訊的顏色：白色（資訊）

⑥ Crisp 集：只有定義 1 與 0 的傳統集合。傳統集合，在經典邏輯中，只有真與假之分。

(2) 模糊集：若 $\mu_{\underset{\sim}{A}}(u)$ 為論域 U 模糊集 $\underset{\sim}{A}$ 的歸屬函數，有以下的定義

$$0 \le \mu_{\underset{\sim}{A}}(u) \le 1，\mu_{\underset{\sim}{A}}(u) \in [0, 1]$$

①列舉表示法（順序集合記述法）

$$\underset{\sim}{A} = \{(\mu_{\underset{\sim}{A}}(u_1), u_1), (\mu_{\underset{\sim}{A}}(u_2), u_2), \cdots, (\mu_{\underset{\sim}{A}}(u_n), u_n)\}$$

②特性函數函數表示法

$\mu_{\underset{\sim}{A}} : U \to [0, 1]$；$u \mapsto \mu_{\underset{\sim}{A}}(u) \in [0, 1], u \in \underset{\sim}{A}$，$\mu_{\underset{\sim}{A}}(u)$是論域 U 模糊集 A 的歸屬函數

③向量表示法：$\underset{\sim}{A} = \{\mu_{\underset{\sim}{A}}(u_1), \mu_{\underset{\sim}{A}}(u_2), \cdots, \mu_{\underset{\sim}{A}}(u_n)\}$

④ Zadeh 表示法

$$\underset{\sim}{A} = \frac{\mu_{\underset{\sim}{A}}(u_1)}{u_1} + \frac{\mu_{\underset{\sim}{A}}(u_2)}{u_2} + \cdots + \frac{\mu_{\underset{\sim}{A}}(u_n)}{u_n} = \sum_{i=1}^{n} \frac{\mu_{\underset{\sim}{A}}(u_i)}{u_i} \text{（離散形式）}$$

$$= \int_U \frac{\mu_{\underset{\sim}{A}}(u)}{u} \text{（連續形式）}$$

⑤特徵：亦此，亦彼

⑥表現資訊的顏色：似白色（資訊）

⑦集合間的關係：傳統集合是模糊集的特例

(3) 灰色集（鄧聚龍的方式）

若定義灰色集為，$\underset{\otimes}{A}=G=G(U)$，

$$G(U)=\{x,\mu_{\underset{\otimes}{A}}(x)\,|\,x\in\underset{\otimes}{A}\}=\{x,\mu_G(x)\,|\,x\in G\}$$

①列舉表示法（順序集合表示法）

$$\underset{\otimes}{A}=G=G(U)$$

$$=G\Big|_{\underline{\mu}}^{\bar{\mu}}=\{\frac{[\underline{\mu}_G(x_1),\bar{\mu}_G(x_1)]}{x_1},\frac{[\underline{\mu}_G(x_2),\bar{\mu}_G(x_2)]}{x_2},\cdots,$$

$$\frac{[\underline{\mu}_G(x_n),\bar{\mu}_G(x_n)]}{x_n}\}$$

②向量表示法

$$\underset{\otimes}{A}=G=G(U)$$

$$=G\Big|_{\underline{\mu}}^{\bar{\mu}}=\{(x_1,[\underline{\mu}_G(x_1),\bar{\mu}_G(x_1)]),(x_2,[\underline{\mu}_G(x_2),\bar{\mu}_G(x_2)]),\cdots,$$

$$(x_n,[\underline{\mu}_G(x_n),\bar{\mu}_G(x_n)])\}$$

例：如果 $U=\{x_1,x_2,x_3\}$，$\bar{\mu}_G(x_1)=1$，$\bar{\mu}_G(x_2)=0.8$，

$\bar{\mu}_G(x_3)=0$，$\underline{\mu}_G(x_1)=0.9$，$\underline{\mu}_G(x_2)=0.5$，$\underline{\mu}_G(x_3)=0$，

$$G\Big|_{\underline{\mu}}^{\bar{\mu}}=\{(x_1,[\underline{\mu}_G(x_1),\bar{\mu}_G(x_1)]),(x_2,[\underline{\mu}_G(x_2),\bar{\mu}_G(x_2)]),$$

$$(x_3,[\underline{\mu}_G(x_3),\bar{\mu}_G(x_3)])\}$$

$$=\{(x_1,[0.9,1]),(x_2,[0.5,0.8]),(x_3,[0,0])\}$$

③積分型表示法

$$\underset{\otimes}{A}=G=G(U)$$

$$=G\Big|_{\underline{\mu}}^{\bar{\mu}}=\frac{[\underline{\mu}_G(x_1),\bar{\mu}_G(x_1)]}{x_1}+\frac{[\underline{\mu}_G(x_2),\bar{\mu}_G(x_2)]}{x_2}+\cdots$$

$$+\frac{[\underline{\mu}_G(x_n),\bar{\mu}_G(x_n)]}{x_n}$$

$$= \sum_{i=1}^{n} \frac{[\underline{\mu}_G(x_i), \overline{\mu}_G(x_i)]}{x_i} \text{（離散形式）}$$

$$= \int_U \frac{[\underline{\mu}_G(u), \overline{\mu}_G(u)]}{u} \text{（連續形式）}$$

④特徵：部分既知，部分未知

⑤表現資訊的顏色：灰色（資訊）

⑥集合間關係：傳統集合及模糊集都是$\overline{\mu}_G = \underline{\mu}_G$時的灰色集$\underset{\otimes}{A}$的特例，

$\because \overline{\mu}_G = \underline{\mu}_G = \mu(u)$ 時，$\underset{\sim}{A} = \{(u, \mu(u)) | u \in U, \mu(u) \in [0, 1]\}$。

亦即模糊集$\underset{\sim}{A}$為灰色集G的退縮形式。同樣地，當$\overline{\mu}_G = \underline{\mu}_G = 1$ 或 0 時，模糊集$\underset{\sim}{A}$還原成為A。

1.6　粗糙集的研究內容

粗糙集理論解決問題的出發點是資訊系統中知識的不可分辨性，基於集合之中對象間的不可分辨性的觀念，著眼點於集合的粗糙程度；為此粗糙集理論將各種等價關係的等價類集合稱為粗集，是某一對象集合的上近似集與下近似集，而且粗糙集理論的主要計算方法是知識的表達與約簡。根據以上的說明，可以得知粗糙集的研究內容相當的簡單，在圖 1-2 中將粗糙集的研究內容以最簡單的圖形方式加以表示。

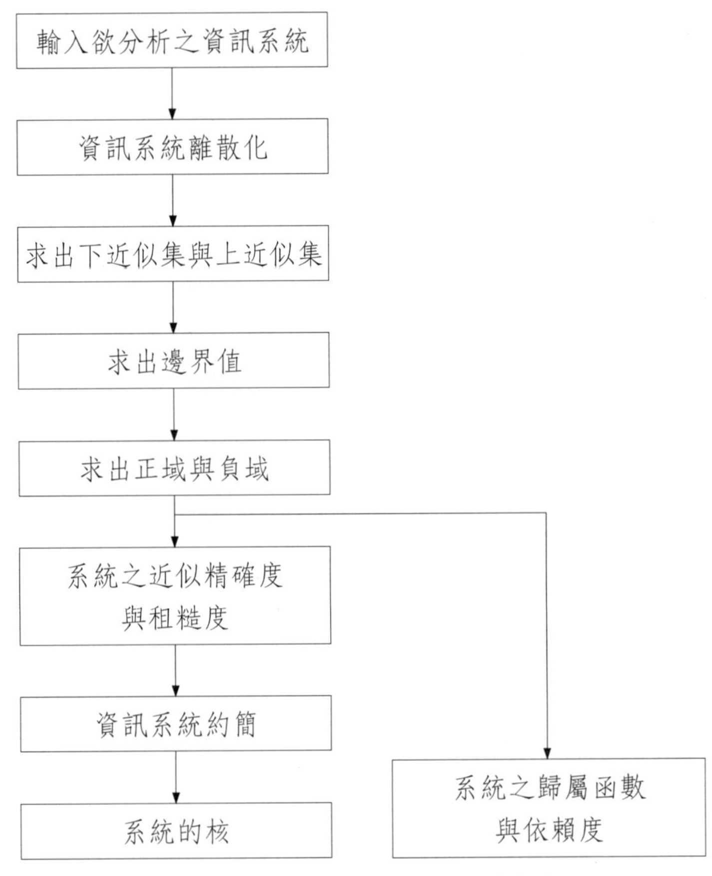

圖 1-2・粗糙集的研究內容流程圖

1.7 粗糙集的未來發展

粗糙集是一種非常有前途的處理不確定性的方法，今後將會在更多的領域中得到應用。由於粗糙集理論有許多不可替代的優越性，已經在資訊系統分析、人工智慧及應用、決策支持系統、知識與數據發掘、模式識別與分類及故障診斷等方面取得了較為成功的應用。但是粗糙集理論目前仍處在持續發展之中，正如粗糙集理論的創始人 Z. Pawlak 指出尚有一些理論上的問題需要解決，例如用於不精確推理的粗糙邏輯（rough logic）方法，粗糙集理論與非標準分析（non-standard analysis）和非參數化統計（non-parametric statistics）等之間的關係等等。而將粗糙集與其它軟計算方法（例如模糊集，類神經網路、遺傳算法及灰色理論等）相結合，發揮各自的優點，設計出具有較高的機器智商（MIQ）的混合智能系統（hybrid intelligent system），也是一個值得努力的方向。此外在軟體工程上，今後的發展也朝向電腦工具箱研發之方向，利用強大的程式語言發展工具箱，以輔助大量數值的計算，進而找出更廣泛的應用領域。

在過去幾年裡，也建立不少粗糙集的實驗系統，以下介紹幾個其中比較可以瞭解的有 ROSE, Rosetta, LERS, Rough Enough, KDD-R 及山口等的系統。

(1) ROSE（rough set data explore）是 Pozna 工業大學（波蘭）用於決策分析開發的粗糙集系統。由資訊系統數據分析使用 Rough Das 和執行分類的 Rough Class 建立，在 PC 相容的 Windows/NT4.0 上使用（http://www-idss.cs.put.poznan.pl/site/rose.html）。

(2) Rosetta 是挪威科技大學與波蘭華沙大學，在 Windows 操作系統上共同開發 Rough 集理論的工具箱，可以在 http://www.idt.unit.no/~aleks? resetta.html 網址上下載。

(3) LERS（learning from examples based on rough set）是 Kansas 大學（美國）基於粗糙集所開發的，並在 VAX9000 上比較成熟的實例學習系統（Grzyrnala-busse, 2000）執行，除了醫療決策專家系統之外，還廣泛的應用於環境保護，氣候研究和醫學研究的領域。

(4) Rough Enough 是挪威 Troll Data Inc 所開發的數據挖掘工具，提供了計算等價類，決策類，上近似集，下近似集，邊界域，粗糙成員關係與一般化泛化決策的規則，採用遺傳演算法生成約簡結果。可以在網站上 http://www.trolldata.no/renough 下載此一軟體。

(5) KDD-R 是 Regina 大學（加拿大）著重於知識發現的決策矩陣方法，所開發來的 KDD 系統。http://www.cs.uregina.ca/~roughset（可以知道粗糙集研究的最新進展），http://www2.cs.uregina.ca/~yyao/irss/(Bulletin of International Rough Set Society (IRSS))

(6)其他相關軟體下載網站

http://iims.sys.okayama-u.ac.jp/yamaguchi/ 可以下載 GDAT（Grey-based Data Analysis Toolbox; 山口），有灰色系統理論與粗糙集的 Matlab 擋案）

http://www.roughset.org（International 粗糙集 Society）

http://www.kdnuggets.com（KDD 方面的動態資源）

http://www.citeseer.nj.nec.com/cs（論文下載）

第 2 章

粗糙集的基本數學概念

1 集合的基本性質

2 集合關係

3 粗糙集的範疇和不確定性

集合論描述離散世界上的各種事件，使用集合論的方法能夠提供非常有用的數理基礎與有力的解析方法。粗糙集是由集合理論基礎上所發展的新興數理，在智能資訊處理中是非常有幫助的工具。為了順利瞭解粗糙集理論的真髓，在第二章裡，我們首先複習一些集合的基礎，從集合理論的有序對和等價關係，通過關係矩陣與表格的概念，基於知識與分類相連繫的觀點，簡明地定義出不可分辨關係，近似的分類及粗糙集。使讀者能順利地掌握不精確數字特徵，獲得知識庫中的初等範疇。

2.1 集合的基本性質

2.1.1 集合的包含性質

(1)自身性　　：$A \subseteq A$

(2)傳遞性　　：$A \subseteq B$，$B \subseteq C$，則$A \subseteq C$

(3)反對稱性　：$A \subseteq B$，若且為若$A = B$時$B \subseteq A$

(4)空集合特性：$\phi \subseteq A$。

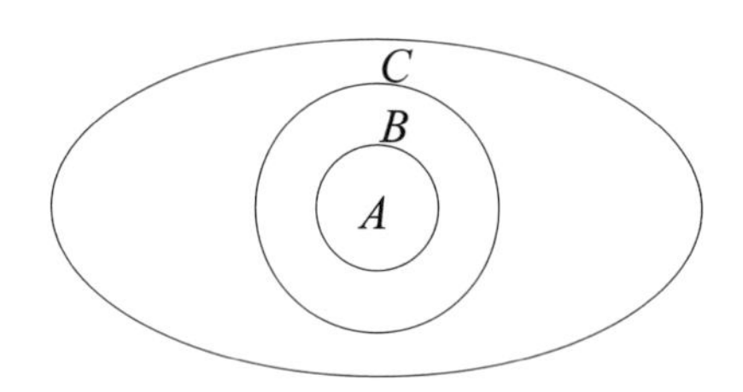

圖 2-1・集合的包含關係

例 2.1 ⑴ $A=\{0, 1, 2, 3\}, B=\{1, 2, 3, 4, 5\} \rightarrow A \not\subset B$

⑵ $A=\{1, 2, 3\}, B=\{1, 2, 3, 4, 5\}, C=\{1, 2, 3, 4, 5, 6, 7\}$

$A \subset B, B \subset C \rightarrow A \subset C$

2.1.2 交集的性質

⑴$A \cap A=A$

⑵$A \cap B=B \cap A$

（若A, B不相交，則$A \cap B=\phi$）

⑶$A \cap \phi=\phi$

⑷$A \cap U=A$（$U=\overline{\phi}$）

⑸$(A \cap B) \cap C=A \cap (B \cap C)$

⑹若且為若$A \subseteq B$時，$A \cap B=A$

⑺$A \cap B \subseteq A$，且$A \cap B \subseteq B$

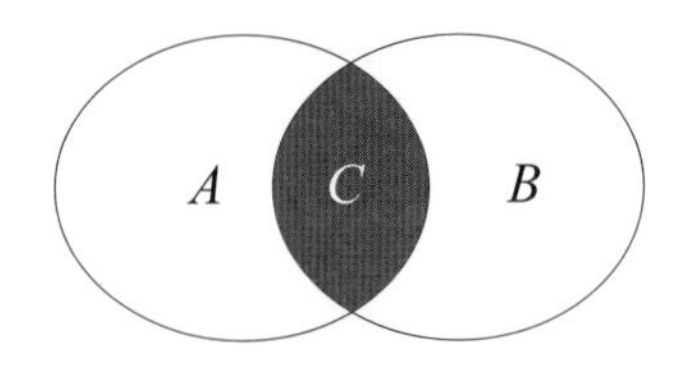

圖 2-2・集合的交集關係（$C = A \cap B$）

例 2.2 (1) $A = \{0, 1, 2, 3\}, B = \{1, 2, 3, 4, 5\} \rightarrow A \cap B = \{1, 2, 3\}$

(2) $A \cap B = \{x: x \in A \wedge x \in B\}$

2.1.3 聯集的性質

(1)$A \cup A = A$

(2)$A \cup B = B \cup A$

(3)$A \cup \phi = A$

(4)$(A \cup B) \cup C = A \cup (B \cup C)$

(5)$A \subseteq (A \cup B), B \subseteq (A \cup B)$

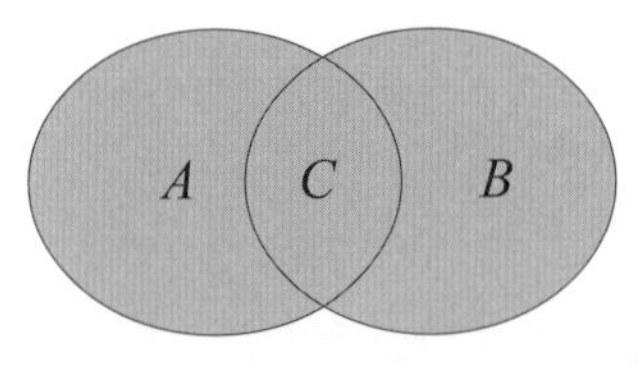

圖 2-3・集合的聯集關係（$C = A \cup B$）

例 2.3 (1) $A = \{0, 1, 2, 3\}, B = \{1, 2, 3, 4, 5\}, A \cup B = \{0\ 1, 2, 3, 4, 5\}$

(2) $card\,(A \cup B) = |A| + |B| - |A \cap B|$

$card\,(A \cap B) = |A| + |B| - |A \cup B|$

$$A=\{0, 1, 2, 3\}, B=\{1, 2, 3, 4, 5\} \rightarrow A \cap B=\{1, 2, 3\}$$

$$\therefore card(A \cup B)=|A|+|B|-|A \cap B|=4+5-3=6$$

$$card(A \cap B)=|A|+|B|-|A \cup B|=4+5-6=3$$

(3) $A \cup B=\{x: x \in A \vee x \in B\}$

2.1.4 差集的性質

(1)$A-B=A \cap \overline{B}$

(2)$A-B=A-(A \cap B)$

(3)$A \cap (B-C)=(A \cap B)-(A \cap C)$

(4)若 $A \subseteq B$，則$(\overline{B} \subseteq \overline{A}) \wedge ((B-A) \cup A-B)$

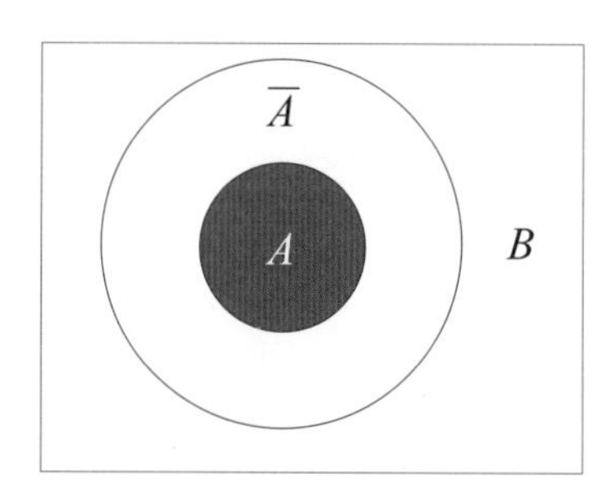

圖 2-4・集合的差集關係$\overline{A}=B-A=\{C: C \in B, C \not\subset A\}$

2.1.5 補集的性質

(1)$\overline{\phi}=U$

(2)$\overline{U}=\phi$

(3)$\overline{\overline{A}} = A$

(4)$A \cup \overline{A} = U$

(5)$A \cap \overline{A} = \phi$

(6)$\overline{A \cup B} = \overline{A} \cap \overline{B}$

(7)$\overline{A \cap B} = \overline{A} \cup \overline{B}$

2.1.6　集合的基本演算（交集、聯集、補集與迪摩根（Demorgan）定理）

(1)$\overline{A \cup B} = \overline{A} \cap \overline{B}$

(2)$\overline{A \cap B} = \overline{A} \cup \overline{B}$

(3)$A \cup A = A$

(4)$A \cap A = A$

(5)$A \cup B = B \cup A$

(6)$A \cap B = B \cap A$

(7)$(A \cup B) \cup C = A \cup (B \cup C)$

(8)$(A \cap B) \cap C = A \cap (B \cap C)$

(9)$A \cup (B \cap C) = (A \cup B) \cap (A \cup C)$

(10)$A \cap (B \cup C) = (A \cap B) \cup (A \cap C)$

(11)$A \cap (A \cup B) = A$

(12)$A \cup (A \cap B) = A$

(13)$\cup_{i=1}^{n} A_i = (\cup_{i=1}^{n-1} A_i) \cup A_n = A_1 \cup A_3 \cup \cdots \cup A_n$

例 2.4 $A=\{1, 2, 3\}, B=\{1, 2, 3, 4, 5\}, C=\{1, 2, 3, 4, 5, 6, 7\}$

$\therefore D=A\cup B\cup C=\{1, 2, 3, 4, 5, 6, 7\}$

(14) $\cap_{i=1}^{n} A_i=(\cap_{i=1}^{n-1} A_i)\cap A_n=A_1\cap A_2\cap\cdots\cap A_n$

例 2.5 $A=\{1, 2, 3\}, B=\{1, 2, 3, 4, 5\}, C=\{1, 2, 3, 4, 5, 6, 7\}$

$\therefore F=A\cap B\cap C=\{1, 2, 3\}$

(15) $A-(\cup_{i=1}^{\infty} A_i)=\cap_{i=1}^{\infty}(A-A_i)$，$A-(\cap_{i=1}^{\infty} A_i)=\cup_{i=1}^{\infty}(A-A_i)$

2.2 集合關係

2.2.1 有序對

由兩個對象以指定的順序構成的集合稱為有序對。例如 $a=c$, $b=d$ 時，有序對為 $(a, b)=(c, d)$；有以下的性質：$(a, b)\neq(b, a)$, $(a, b)\neq(d, c)$。

如果 $a_1, a_2, \cdots, a_n$ 是 n 是個對象，那麼 $(a_1, a_2, \cdots, a_n)$ 構成有序 n 元，有序 n 元可以用 n 維向量表示，亦即：$A=[a_1, a_2, \cdots, a_n]^T$

n 個集合 $A_1, A_2, \cdots, A_n$ 的笛卡爾積（Cartesion）是全體有序 n 元的集合，表示為 $\Pi_{i=1}^{n} A_i$，亦即

$$\Pi_{i=1}^{n} A_i = \{(a_1, a_2, \cdots, a_n): = A_1 \times A_2 \times \cdots \times A_n \; a_i \in A_i, \; i=1, 2, \cdots, n\} \quad (2\text{-}1)$$

對於集合 A, B, C, D，笛卡爾積具有下列的性質：

(1)若且為若 $A=\phi$ 或 $B=\phi$ 時，$A \times B=\phi$

(2)$(A \times B) \cup (C \times B) = (A \cup B) \times B$

(3)$(A \times B) \cap (C \times D) = (A \cap C) \times (B \cap D)$

例 2.6 集合 $A=\{a_1, a_2, \cdots, a_n\}$，$B=\{b_1, b_2, \cdots, b_n\}$，集合 A，B 的笛卡爾積 $A \times B$ 為全體有序對(a, b)的集合，亦即：

$$A \times B = \{(a, b): a \in A, b \in B\}: a_i \in A_i, i=1, 2, 3, \cdots, n\}$$

注意：一般而言 $A \times B \neq B \times A$

例 2.7 $A=\{1, 0\}, A \times A=\{(1, 1), (1, 0), (0, 1), (0, 0)\}$。$A=\{1, 0\}$，$B=\{2, 3\}$，則 $A \times B=\{(1, 2), (1, 3), (0, 2), (0, 3)\}$，而 $B \times A=\{(2, 1), (2, 0), (3, 1), (3, 0)\}$

只有 0 與 1 構成的集合的笛卡爾積稱為二值笛卡爾積。由 n 元二值笛卡爾積構成 2^n 個二值有序 n 元，若 $A=\{a_1, a_2, \cdots, a_n\}$是二值有序 n 元，則：

$$\Pi_{i=1}^{n} A_i = \{(a_1, a_2, \cdots, a_n): \quad a_i \in (0, 1), i=1, 2, \cdots, n\} \quad (2\text{-}2)$$

例 2.8 $A=\{0, 1\}$，則三元二值笛卡爾積為

$$A \times A \times A = \{0, 1\} \times \{0, 1\} \times \{0, 1\}$$
$$= \{(0, 0, 0), (0, 0, 1), (0, 1, 0), (0, 1, 1), (1, 0, 0), (1, 0, 1), (1, 1, 0), (1, 1, 1)\}$$

例 2.9 $A=\{a, b, c, d\}$，A 的冪集有 16 個子集合，亦即

$$2^A = \{(), (a), (b), (c), (d), (a, b), (a, c), (a, d), (b, c), (b, d), (c, d), (a, b, c), (a, b, d), (a, c, d), (b, c, d), (a, b, c, d)\}$$

2.2.2 有序對的關係

在集合與集合元素中，關係是指兩個不同和相同集合中有序對元素的集合，因此關係是一個笛卡爾子集合。對於兩個集合 A 和 B，二值關係 R 的定義為笛卡爾積 $A \times B$ 的一個子集合，亦即：

$$R \subseteq A \times B = \{(a, b): a \in A, b \in B\} \qquad (2\text{-}3)$$

則逆關係為

$$R^{-1} \subseteq B \times A = \{(b, a): b \in B, a \in A, (a, b) \in R\} \qquad (2\text{-}4)$$

對於 n 集合 $A_1, A_2, \cdots, A_n$，n 值關係 R 定義為笛卡爾積 $\Pi_{i=1}^{n} A_i$ 的一個子集合，亦即：

$$R \subseteq \Pi_{i=1}^{n} A_i = A_1 \times A_2 \times \cdots \times A_n$$
$$= \{(a_1, a_2, \cdots, a_n): a_i \in A_i, i = 1, 2, 3, \cdots, n\} \quad (2\text{-}5)$$

關係R的有序對的第一個元素稱為關係R的域，關係R的有序對的第二個元素稱為關係R的範圍。例如：$A = \{a\}, B = \{a, b, d\}$，若有關係$R \subseteq A \times B = \{(a, a), (a, b), (a, d)\}$存在，此時稱集合$A$是關係$R$的定義域，集合$B$是$R$的值域。

如果關係R是集合A和B的關係，S是集合B和C的關係，則關係R和S的合成$R \circ S$，亦即：

$$R \circ S = \{(a, c)：對於某些\ b \in B, (a, b) \in R，並且 (b, c) \in S\} \quad (2\text{-}6)$$

例 2.10 $A = \{1, 2, 4\}, B = \{a, b\}$，得到：

$A \times B = \{(1, a), (1, b), (2, a), (2, b), (4, a), (4, b)\}$，

如果$R = \{(1, a), (2, a), (2, b), (4, a)\}$，則$R \subseteq A \times B$，$R$是$A$和$B$的一個二值關係。

例 2.11 （關係與函數）

關係可以是定義的函數，考慮在實數集合R上二值關係xR_1y定義為$y = x^2$，則關係R_1是笛卡爾積$R \times R$上的一個集合，亦即：

$$R \subseteq R \times R = \{(x, y): x \in R, y \in R, y = x^2\} \quad (2\text{-}7)$$

可見此種關係是由實數對(x, x^2)所組成，它在實數上定義函數$y=x^2$。

例 2.12 如果$A=\{a, b\}, B=\{1, 2, 3\}$，存在一個關係：$R=\{(a, 1), (b, 2)\}$，則其逆關係為$R^{-1}=\{(1, a), (2, b)\}$。

例 2.13 如果$A=\{1, 2\}, B=\{2, 6\}, C=\{9\}$，$R \subseteq A \times B=\{(1, 2), (1, 6), (2, 2), (2, 6)\}$，$S \subseteq B \times C=\{(2, 9), (6, 9)\}$，則$R \circ S=\{(1, 9), (2, 9)\}$。

2.2.3 關係的性質

(1)對於每個$a \in A$，如果$(a, a) \in R$，則關係$R \subseteq A \times A$是反射的。

(2)對於每個$a \in A$，如果R是A上的二值關係，但關係aRa非真，則R是非反射的。

(3)如果$(a, b) \in R$，當$(b, a) \in R$，則關係R是對稱的。

(4)如果$(a, b) \in R$，a, b是不相同的，若$(b, a) \not\subset R$則關係R是反對稱的。

(5)如果$(a, b) \in R$，$(b, c) \in R$，當$(a, c) \in R$，則關係R是傳遞的。

2.2.4 等價關係

U上的關係称為等價關係，若集合的關係滿足以下的三個性質：

(1)自反性　$(x_i, x_i) \in R \ (x_i \in U)$

(2)對稱性　$(x_i, x_j) \in R$ 時 $(x_j, x_i) \in R \ (x_i, x_j \in U)$

(3)傳遞性　$(x_i, x_j) \in R, (x_j, x_i) \in R$，則 $(x_i, x_k) \in R \ (x_i, x_j, x_k \in U)$

則 A 的關係 R 成為等價關係，等價關係的聚類稱為等價類，而 A 的等價關係 R 的等價類可以使集合加以表示，亦即：

$$[a]_R = \{b:(a, b) \in R\} \quad \text{或} \quad [b]_R = \{a:(b, a) \in R\} \qquad (2\text{-}8)$$

例 2.14　讓我們整理一下一組集合：$A = \{$(王, a), (小林, a), (小川, a), (李, a), (張, b), (山口, b), (陳, b), (大川, ab), (老王, ab), (大林, o)$\}$，

具有「相同血型」關係的等價類如下：

$A_a = \{$(王, a), (小林, a), (小川, a), (李, a)$\}$

$A_b = \{$(張, b), (山口, b), (陳, b)$\}$

$A_{ab} = \{$(大川, ab), (老王, ab)$\}$

$A_o = \{$(大林, o)$\}$

這樣，集合 A 的劃分，以「相同血型」關係可以分出 4 個等價類，為便於數理整理與推導，等價關係也等同於分類。

2.2.5 關係矩陣

有限集合間的關係可用僅包含有 0 或 1 的關係矩陣表達，如果 R 是表示由集合 $A = \{a_1, a_2, \cdots, a_n\}$ 到集合 $B = \{b_1, b_2, \cdots, b_m\}$ 的關係，則關

係矩陣 M_R 可以表示為：

$$M_R = [m_{ij}]，i=1,2,3,\cdots,n,\quad j=1,2,3,\cdots,m$$
$$其中：m_{ij}=\begin{cases}1, & if\,(a_i,b_j)\in R,\\ 0, & if\,(a_i,b_j)\not\subset R.\end{cases} \tag{2-9}$$

例 2.15 $A=\{$王, 小林, 小川, 李, 張, 山口, 陳, 大川, 老王, 大林$\}$，$B=\{a,b,ab,o\}$，如果 $R=\{$(王, a), (小林, a), (小川, a), (李, a), (張, b), (山口, b), (陳, b), (大川, ab), (老王, ab), (大林, o)$\}\supseteq A\times B$，

$$關係矩陣\ M_R\ 為：M_R=\begin{bmatrix}1&0&0&0\\1&0&0&0\\1&0&0&0\\1&0&0&0\\0&1&0&0\\0&1&0&0\\0&1&0&0\\0&0&1&0\\0&0&1&0\\0&0&0&1\end{bmatrix}$$

例 2.16 給定一些人的集合，$A=\{$王, 小林, 小川, 李, 張, 山口, 陳, 金, 老王, 大林$\}$，並且假設這些人有不同的出生地（臺灣，日本，韓國），性別（男，女），職業（學生，教師，無業）。我們根據某一屬性描述這些人的狀況，就可以按出生地，性別，職業分類如下：

(1)　根據出生地分類：

王，李，張，陳，老王——臺灣

小林，小川，山口，大林——日本

金——韓國

(2)　根據性別分類：

小林，李，山口，陳，老王，大林——男

王，小川，張，金——女

(3)　根據職業分類：

小林，李，張，山口，大林，老王——學生

王，陳——教師

小川，金——無業

則關係矩陣 M_R 為

$$
\begin{array}{c} \\ M_R = \end{array}
\begin{array}{c|cccccccc|}
 & \text{臺灣} & \text{日本} & \text{韓國} & \text{男} & \text{女} & \text{學生} & \text{教師} & \text{無業} \\
\text{王} & 1 & & & & 1 & & 1 & \\
\text{小林} & & 1 & & 1 & & 1 & & \\
\text{小川} & & 1 & & & 1 & & & 1 \\
\text{李} & 1 & & & 1 & & 1 & & \\
\text{張} & 1 & & & & 1 & 1 & & \\
\text{山口} & & 1 & & 1 & & 1 & & \\
\text{陳} & 1 & & & 1 & & & 1 & \\
\text{金} & & & 1 & & 1 & & & 1 \\
\text{老王} & 1 & & & 1 & & 1 & & \\
\text{大林} & & 1 & & 1 & & 1 & &
\end{array}
$$

根據關係矩陣 M_R，很明白地可以知道原來就是有表格的概念。

2.2.5 等價關關係的近似空間與不可分辨

1. 近似空間

當使用 R 描述 U 中對象之間的等價關係時，此時屬性關係可以使用 $U|R$（或 U/R 或 $\frac{U}{R}$）加以表示，表示方式為

$$U|R=\{[x_i]_R \,|\, x_i \in U\} \qquad (2\text{-}10)$$

根據關係 R，U 中的對象構成的所有等價類族，如果 R 是 U 上的劃分，$R=\{X_1, X_2, \cdots, X_n\}$ 所表示之等價關係 (U, R) 稱為近似空間，並使用

$$des\{X_i\} \qquad (2\text{-}11)$$

表示，數學意義 U 為上基於關係 R 的一個等價關係對 X_i 的基本集合的描述。

例 2.17 參照例 2-16，換言之，我們定義三個屬性與各個元素：出生地 R_1，性別 R_2 及職業 R_3。

$U=A=\{$王, 小林, 小川, 李, 張, 山口, 陳, 金, 老王, 大林$\}$

$=\{x_1, x_2, x_3, x_4, x_5, x_6, x_7, x_8, x_9, x_{10}\}$，

根據這些屬性，可以得到三種分類：

$$U|R_1=\{\{x_1, x_4, x_5, x_7, x_9\}, \{x_2, x_3, x_6, x_{10}\}, \{x_8\}\}$$

$$U|R_2=\{\{x_2, x_4, x_6, x_7, x_9, x_{10}\}, \{x_1, x_3, x_5, x_8\}\}$$

$$U|R_3=\{\{x_2, x_4, x_5, x_6, x_9, x_{10}\}, \{x_1, x_7\}, \{x_3, x_8\}\}$$

定義R代表論域U中的一種關係，可以說是一種屬性的描述，也可以說是一種屬性集合的描述；可以是定義一種變量，也可以說是定義一種規則。這種R等價關係，就是所謂的R屬性，或者說是知識R，兩者都是相同的概念，只是名詞的用法不同而已。

表 2-1・關係R及U例一覽表

U \ R	出生地R_1	性別R_2	職業R_3
王 x_1	臺灣	女	教師
小林 x_2	日本	男	學生
小川 x_3	日本	女	無業
李 x_4	臺灣	男	學生
張 x_5	臺灣	女	學生
山口 x_6	日本	男	學生
陳 x_7	臺灣	男	教師
金 x_8	韓國	女	無業
老王 x_9	臺灣	男	學生
大林 x_{10}	日本	男	學生

例 2.18 屬性集合$A \subset R$，$des_A\ (X_i)=\{(a, b): f(x, a)=b, x \in X, a \notin A\}$，此處$f(x, a)$表示對稱$x$在屬性$a$中的映射關係，亦即該屬性值為$b$。

2. 不可分辨關係

對於子集合$X, Y \in U$，根據關係R，X和Y不可分辨時，使用$[X]_R$加以表示；代表子集合Y和子集合X都屬於R中的一個範疇。

假使$P \subset R$，並且$P=\phi$，則$\cap P$（P中全部等價關係的交集）也是一種等價關係，稱為P上的不可分辨關係（indiscernibility relation；或不可區分關係，不分明關係），並且使用*ind* (P)加以表示。

$$[X]_{ind(P)} = \bigcap_{P \in R} [X]_R \qquad (2\text{-}12)$$

不可分辨關係的數學意義是物種由屬性集合表示P時，在論域U中的等價關係。在粗糙集中，有時候也將不可分辨關係稱為一個等效關係（equivalence relationship）。

如果以數學模型表示：某一集合$X \subseteq U$，U稱為全集合，並且滿足X不為空集合，並且存在，自反性，對稱性及傳遞性三種性質，則X中所有等價關係的交集即稱為X上的不可分辨關係，並且以

$$ind(X) = \{(x, y) \in U \times U, \forall a \in X, f(x, a) = f(y, a)\} \qquad (2\text{-}13)$$

表示。

由以上的說明可以得知，不可分辨關係即為等價關係，主要是將U劃分為有限個等價集合，而每一個等價集合，對象間是不可

分辨的。此時對$\forall x \in U$而言，等價關係可以寫成（2-14）式，並且稱x和y為不可分辨的。

$$[x]_P = \{y \in U \mid (x, y) \in ind(X)\} \qquad (2\text{-}14)$$

例 2.19 某公司招募新進人員，所需要的條件如表 2-2，其中U是由八個應徵者所組成，請決定等價關係。

表 2-2・某公司招募新進人員訊息系統表

屬性與對象	條件屬性				決策屬性
	學歷 a_1	經驗 a_2	是否會說日語 a_3	口試表現 a_4	是否錄取 D
x_1	MBA	中	是	優秀	是
x_2	MBA	低	是	一般	否
x_3	MCE	低	是	良好	否
x_4	MSC	高	是	一般	是
x_5	MSC	中	是	一般	否
x_6	MSC	高	是	優秀	是
x_7	MBA	高	否	良好	是
x_8	MCE	低	否	優秀	否

解：由於一個屬性相當於一個等價關係，共有四個屬性，亦即{學歷，經驗，是否會說日語，口試表現}。其中：MBA 為工商管理碩士，MCE 為土木工程碩士，MSC 為理學碩士。因此可以分類為：

(1) $\dfrac{U}{a_1} = \{\{x_1, x_2, x_7\}, \{x_3, x_8\}, \{x_4, x_5, x_6\}\}$

(2) $\dfrac{U}{a_2} = \{\{x_1, x_5\}, \{x_2, x_3, x_8\}, \{x_4, x_6, x_7\}\}$

(3) $\frac{U}{a_3}=\{\{x_1, x_2, x_3, x_4, x_5, x_6\}, \{x_7, x_8\}\}$

(4) $\frac{U}{a_4}=\{\{x_1, x_6, x_8\}, \{x_2, x_4, x_5\}, \{x_3, x_7\}\}$

(5) 對條件屬性為：

$$\frac{U}{C}=\frac{U}{\{a_1,a_2,a_3,a_4\}}=\{\{x_1\}, \{x_2\}, \{x_3\}, \{x_4\}, \{x_5\}, \{x_6\}, \{x_7\}, \{x_8\}\}$$

(6) 對決策屬性為；$\frac{U}{D}=\{\{x_1, x_4, x_6, x_7\}, \{x_2, x_3, x_5, x_8\}\}$

得到以下的結果

$\frac{U}{a_1}$	$\{\{x_1, x_2, x_7\}, \{x_3, x_8\}, \{x_4, x_5, x_6\}\}$
$\frac{U}{a_2}$	$\{\{x_1, x_5\},\{x_2, x_3, x_8\}, \{x_4, x_6, x_7\}\}$
$\frac{U}{a_3}$	$\{\{x_1, x_2, x_3, x_4, x_5, x_6\}, \{x_7, x_8\}\}$
$\frac{U}{a_4}$	$\{\{x_1, x_6, x_8\}, \{x_2, x_4, x_5\}, \{x_3, x_7\}\}$
$\frac{U}{C}$	$\{\{x_1\}, \{x_2\}, \{x_3\}, \{x_4\}, \{x_5\}, \{x_6\}, \{x_7\}, \{x_8\}\}$
$\frac{U}{D}$	$\{\{x_1, x_4, x_6, x_7\}, \{x_2, x_3, x_5, x_8\}\}$

例 2.20 屬性集合 $P\subset R$，對象 $X, Y\in U$，對於每個 $Q\in P$，若且為若 $f(X,a)=f(Y,a)$ 是不可分辨的，亦即

$$ind\,(P)=\{(X, Y)：所有的\ a\in P, f(X,a)=f(Y,a)\}$$

如果 R 中的任意基本集合相互不可分辨，比如兩個任意對象 $e_1, e_2\in U$，如果它們兩者都屬於相同的基本集合 X_i $(e_1,$

$e_2 \in R$)，那麼它們都具有相同的描述，亦即

$$des\{e_1\} = des\{e_2\} = des\{X_i\} \qquad (2\text{-}15)$$

2.2.6 基本知識與知識庫的關係

令$X \subset U$，並且R為一個等價關係，當X能用R屬性集合確切地加以描述時，它可以使用某些R基本集合的聯集關係加以表示，此時我們已經知道這個X是R可定義的：否則，X為R中不可定義的。

現在，$U|ind(P)$（等價關係$ind(P)$的所有等價類族）的定義為與等價關係P的族相關的知識，稱為P基本知識（basic knowledge）。習慣上將$U|ind(P) = [x]_{ind(P)} = \bigcap_{P \in R} [X]_R$寫為$U|P$，此處$ind(P)$也是等價關係，並且為唯一的，而$ind(P)$的等價類則稱為知識$P$的基本概念（basic concept）或基本範疇（basic category）。根據屬性P定義的不可分辨的等價關係類就是P基本集合，使用$[X]_P$表示。

特別地，如果$Q \subset P$，$ind(Q)$的等價類稱為知識P的初等範疇（elementary category）。根據屬性Q的初等知識（elementary knowledge）所定義的不可分辨的等價關係類就是P初等集合，也是資訊系統的構成要素，一般使用大寫字母P，Q及R等表示一個關係，而使用大寫黑體字母$\mathbf{P}$，$\mathbf{Q}$，$\mathbf{R}$等表示關係的族集合；$[X]_P$，$[X]_R$或$P(x)$, $R(x)$或表示關係P，R中包含元素$x \in U$的概念或等價族，為了方便起見，有時候常用P代替$ind(P)$。從以上的說明中可以得知，不可分辨關係是粗糙集理論的重要觀念。粗糙集裡的概念即對象的集合，概念的族集合（分類）就是U上的知識，U上分類的族集合可以認為是U

上的一個知識庫，或者說知識庫即是分類方法的集合。所以，我們也可以這樣定義

$$K=(U,R) \tag{2-16}$$

就是一個知識庫。

$ind(K)$又定義為K中的所定義的所有等價關係的族，寫成$ind(K)=\{ind(P): P\neq\phi, P\subseteq R\}$。這樣，$ind(K)$就是等價關係的最小集合；它包含了$K$的所有初等關係，並且關於等價關係的交集。由此可以得知「知識理論的基礎概念是分類和範疇」。當然某些範圍在一個知識庫中是可以定義的，但在另一個知識庫中是不可以定義的，此時稱為不精確範疇。

R可定義集合是論域的子集合，它可在知識庫K中被精確地定義；而R不可定義集合不能在這個知識庫K被定義。R可定義集合也稱作R精確集，而不可定義集合也稱作R非精確集或R粗糙集。亦即當存在一等價關係$R\in ind(K)$且X為R精確集，集合$X\subseteq U$稱為K中的精確集；當對於任何$R\in ind(K)$，但X為R粗糙集，則X稱為K中的粗糙集。

例 2.21 從以上的例子中，我們定義這三個屬性與各個元素：出生地R_1，性別R_2及職業R_3。

$U=A=\{$王, 小林, 小川, 李, 張, 山口, 陳, 金, 老王, 大林$\}$

$=\{x_1, x_2, x_3, x_4, x_5, x_6, x_7, x_8, x_9, x_{10}\}$，

根據這些屬性，可以得到三種分類：

$U|R_1=\{\{x_1, x_4, x_5, x_7, x_9\}, \{x_2, x_3, x_6, x_{10}\}, \{x_8\}\}$：根據出生地分類

$U|R_2=\{\{x_2, x_4, x_6, x_7, x_9, x_{10}\}, \{x_1, x_3, x_5, x_8\}\}$：根據性別分類

$U|R_3=\{\{x_2, x_4, x_5, x_6, x_9, x_{10}\}, \{x_1, x_7\}, \{x_3, x_8\}\}$：根據職業分類

這些等價類是由知識庫$K=(U, R_1, R_2, R_3)$中的初等概念所構成的。

基本範疇是初等範疇的交集所構成的。例如，從$U|R_1$與$U|R_2$可以得到下列的集合：

$\{x_1, x_4, x_5, x_7, x_9\} \cap \{x_2, x_4, x_6, x_7, x_9, x_{10}\} = \{x_4, x_7, x_9\}$：男臺灣人

$\{x_1, x_4, x_5, x_7, x_9\} \cap \{x_1, x_3, x_5, x_8\} = \{x_1, x_5\}$女臺灣人

$\{x_2, x_3, x_6, x_{10}\} \cap \{x_1, x_3, x_5, x_8\} = \{x_3\}$：女日本人

$\{x_8\} \cap \{x_1, x_3, x_5, x_8\} = \{x_8\}$：女韓國人

等等。以上的結果可以利用$\{R_1, R_2\}$而得到到基本範疇。例如下列的集合，植基在$\{R_1, R_2, R_3\}$之中，可以得到

(1) $\{x_1, x_4, x_5, x_7, x_9\} \cap \{x_2, x_4, x_6, x_7, x_9, x_{10}\} \cap \{x_2, x_4, x_5, x_6, x_9, x_{10}\} = \{x_4, x_9\}$：臺灣男學生

(2) $\{x_1, x_4, x_5, x_7, x_9\} \cap \{x_1, x_3, x_5, x_8\} \cap \{x_2, x_4, x_5, x_6, x_9, x_{10}\} = \{x_5\}$：臺灣女學生

(3) $\{x_1, x_4, x_5, x_7, x_9\} \cap \{x_2, x_4, x_6, x_7, x_9, x_{10}\} \cap \{x_1, x_7\} = \{x_7\}$：臺灣男教師

(4) $\{x_2, x_3, x_6, x_{10}\} \cap \{x_1, x_3, x_5, x_8\} \cap \{x_3, x_8\} = \{x_3\}$：日本女性無業者等等

有時候，也會有如下例的空集合產生：

(1) $\{x_1, x_4, x_5, x_7, x_9\} \cap \{x_3, x_8\} = \{\phi\}$：無業的臺灣人

(2) $\{x_1, x_4, x_5, x_7, x_9\} \cap \{x_1, x_3, x_5, x_8\} \cap \{x_3, x_8\} = \{\phi\}$：無業的臺灣女人

(3) $\{x_2, x_3, x_6, x_{10}\} \cap \{x_1, x_7\} = \{\phi\}$：日本人教師

等等。意思是說此一知識庫裡不存在以上的知識，即為空範圍。

又例如下列的集合（植基於$\{R_1\}$），可以得知：

(1) $\{x_1, x_4, x_5, x_7, x_9\} \cup \{x_2, x_3, x_6, x_{10}\} = \{x_1, x_2, x_3, x_4, x_5, x_6, x_7, x_8, x_{10}\}$：臺灣人或日本人（非韓國人）

(2) $\{x_1, x_4, x_5, x_7, x_9\} \cup \{x_8\} = \{x_1, x_4, x_5, x_7, x_8, x_9\}$：臺灣人或韓國人（非日本人）

(3) $\{x_2, x_3, x_6, x_{10}\} \cup \{x_8\} = \{x_2, x_3, x_6, x_8, x_{10}\}$：日本人或韓國人（非臺灣人）

又如下列的集合，植基於$(R_1, R_2), (R_2, R_3), (R_1, R_3), (R_1, R_2, R_3)$的分別，可以得到各種等價類：

$U|(R_1, R_2) = \{\{x_1\}, \{x_2, x_6, x_{10}\}, \{x_3\}, \{x_4, x_7, x_9\}, \{x_5\}, \{x_8\}\}$

$U|(R_2, R_3) = \{\{x_1\}, \{x_2, x_4, x_6, x_9, x_{10}\}, \{x_3, x_8\}, \{x_5\}, \{x_7\}\}$

$U|(R_1, R_3) = \{\{x_1, x_7\}, \{x_2, x_6, x_{10}\}, \{x_3\}, \{x_4, x_5, x_9\}, \{x_8\}\}$

$U|(R_1, R_2, R_3) = \{\{x_1\}, \{x_2, x_6, x_{10}\}, \{x_3\}, \{x_4\}, \{x_5\}, \{x_7\}, \{x_8\}, \{x_9\}, \{x_{10}\}\}$，

只有(x_2, x_6, x_{10})為不可分辨的等價類，其他則知道各有其不同的特徵。

如果一個等價關係的所有等價類為單元素集合，該關係就是一個相等關係，它表達了最精確的知識。看來這是最理想的狀況，但事實上並非如此。通常，這樣的相似性的定義會使用距離函數表示，但精細的劃分又並不一定總是有利的；因為它有時在構成範疇或概念時會有困難。

2.3 粗糙集的範疇和不確定性

等價關係主要是用來劃分等分類，我們稱能全被分類的集合為可定義的，不能全被分類的集合為不可定義的。如果不能全被分類的集合，又可以近似方式給與分類的話，那麼以下將定義的粗糙集方法可能得到具有含糊的類。

假設$X \subseteq U$，R是U上的等價關係，知識庫$K=(U, R)$是一個近似空間。在K上，如果X是一些R基本類的聯集，則稱X是R可定義的；否則稱X是R不可定義的。R可定義集合是全集合U上之子集合，這些子集合在全集合U上是恰好可以被定義，而R不可定義集合則稱為R一致集合或R恰當集合，而R不可定義集合也被稱為R不一致集合或R粗糙集，簡稱為不一致集合或粗糙集。如果存在一個等價關係$R \in ind(K)$，其中$ind(K)$是U上給定的所有等價關係的集合族，使得$X \subseteq U$是R一致的，則集合X被稱為U中一致集合；如果$X \subseteq U$對任意$R \in ind(K)$都是R粗糙的，則X被稱為U上一致集合或粗糙集。

2.3.1 上近似集和下近似集

對於粗糙集，我們根據屬性R的可定義集合，對於每個$x \in X$的集合可以檢討它們不可分辨的等價類的情況。假設我們給定知識庫$K=(U,R)$，對與每個子集合$X \in U$和一個等價關係$R \in ind(K)$，可以根據

R的基本集合的描述以劃分集合X。我們對粗糙集以近似的定義，為使用兩個精確集，亦即粗糙集的上近似集和下近似集加以描述。

1. 下近似集（lower approximations）

$$\underline{R}(X)=\{x\in U:[x]_R\subseteq X\}，[x]_R=\{y\,|\,xRy\}$$

$$=\cup\{[x]_R\in\frac{U}{R}\,|\,[x]_R\subseteq X\} \quad (2\text{-}17)$$

$$\underline{R}(X)=\cup\{Y_i\in U\,|\,ind(R):Y_i\subseteq X\}$$

$$=\cup\{Y_i\in U/R:Y_i\subseteq X\} \quad (2\text{-}18)$$

2. 上近似集（upper approximations）

$$\overline{R}(X)=\{x\in U:[x]_R\cap X\neq\phi\}$$

$$[x]_R=\{y\,|\,xRy\}=\cup\{[x]_R\in\frac{U}{R}\,|\,[x]_R\cap X\neq\phi\} \quad (2\text{-}19)$$

$$\overline{R}(X)=\cup\{Y_i\in U\,|\,ind(R):Y_i\cap X\neq\phi\}$$

$$=\cup\{Y_i\in U/R:Y_i\cap X\neq\phi\} \quad (2\text{-}20)$$

其中Y是為了衡量基於R的基本集合的描述，Y_i是精確地說明X中對象的歸屬度情況。簡單的說使用屬性集合R時，

⑴下近似集代表在所有y決策下「完全（一定是）」被分類為等類的x元素集合。

⑵上近似集代表在所有y決策下「有可能（任一存在即可）」被分類為等類的x元素集合。

2.3.2 R邊界和正域，負域

若且為若$[x]_R \subseteq X, x \in \underline{R}(X)$；若且為若$[x]_R \cap X \neq \phi, x \in \overline{R}(X)$；$X$的$R$邊界或邊界域（boundary）。

$$bn_R(X) = \overline{R}(X) - \underline{R}(X) \tag{2-21}$$

$bn_R(X)$是根據知識R，K中，既不能肯定歸入X，也不能肯定歸入$-X$的元素的集合。如果

$$\underline{R}(X) \neq \overline{R}(X) \tag{2-22}$$

則稱X為粗糙集之邊界，否則稱無邊界存在。

1. X的R正域（Positive）

$$pos_R(X) = \underline{R}(X) \tag{2-23}$$

2. X的R負域（Negative）

$$neg_R(X) = U - \overline{R}(X) \tag{2-24}$$

正域$pos_R(X)$或X的下近似集$\underline{R}(X)$是那些根據R，U中能完全確定

地歸入集合X的元素的集合。同樣地，負域$neg_R(X)$也是那些根據R，U中不能確定一定屬於集合X的元素的集合。它們屬於X的補集合。

邊界是某種意義上論域的不確定域，根據R，U中屬於邊界的對象可能劃分為屬於X的集合。由於X的上近似集是由那些根據R，U中不能排除它們屬於X的可能性的對象構成的。從形式上看，上近似集就是正域和邊界域的聯集，所以又可以表示為：

$$\overline{R}(X)=pos_R(X)\cup bn_R(X) \tag{2-25}$$

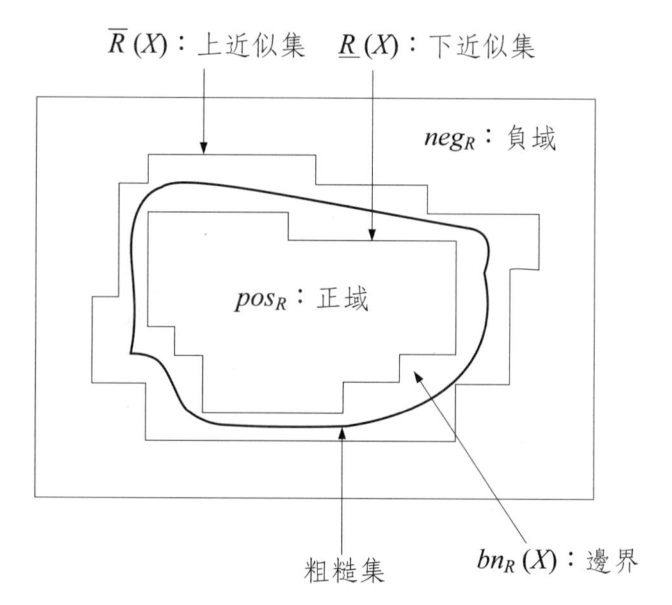

圖 2-5・粗糙集的基本概念圖

例 2.22 讓我們再整理前面例題中血型的集合；

A = {(王, a), (小林, a), (小川, a), (李, a), (張, b), (山口, b), (陳, b), (大川, ab), (老王, ab), (大林, o)}，

具有「相同血型」關係的等價類如下：

$A_a = \{(王, a), (小林, a), (小川, a), (李, a)\} \to Y_a = \{x_1, x_2, x_3, x_4\}$

$A_b = \{(張, b), (山口, b), (陳, b)\} \to Y_b = \{x_5, x_6, x_7\}$

$A_{ab} = \{(大川, ab), (老王, ab)\} \to Y_{ab} = \{x_8, x_9\}$

$A_o = \{(大林, o)\} \to Y_o = \{x_{10}\}$

這樣集合 A 的劃分，以「相同血型」的關係可分出 4 個等價類。

假設由某種屬性定義（比方，性別或病狀等等）的一個分類的集合為：

$$X = \{x_1, x_5, x_7\}，$$

因為沒有一個 Y_a, Y_b, Y_{ab}, Y_o 包含在 X 中，所以

$\underline{R}(X) = \phi$，又 $X \cap Y_a \neq \phi$，$X \cap Y_b \neq \phi$，$X \cap Y_{ab} = \phi$，$X \cap Y_o = \phi$

則我們可以得到：

$$\overline{R}(X) = Y_a \cup Y_b = \{x_1, x_2, x_3, x_4, x_5, x_6, x_7\}$$

$$pos_R(X) = \underline{R}(X) = \phi$$

$$bn_R(X) = \overline{R}(X) - \underline{R}(X) = \{x_1, x_2, x_3, x_4, x_5, x_6, x_7\}$$

$$neg_R(X) = U - \underline{R}(X) = Y_{ab} \cup Y_o = \{x_8, x_9, x_{10}\}$$

例 2.23 $U = \{x_1, x_2, x_3, x_4\}$上的關係

(1) $R = \{(x_1, x_1), (x_2, x_2), (x_3, x_3), (x_3, x_4), (x_4, x_3)\}$ 等是等價關係

(2) 這種等價關係對應於劃分：$X_1 = \{x_1\}$，$X_2 = \{x_2\}$及 $X_3 = \{x_3, x_4\}$

(3) 如果 $R = \{(x_1, x_1), (x_2, x_2), (x_3, x_3), (x_4, x_4), (x_3, x_4), (x_4, x_3)\}$

是新的等價關係，則有$[x_1]_R=\{x_1\}, [x_2]_R=\{x_2\}, [x_3]_R=[x_4]_R=\{x_3, x_4\}$

$U/R=\{\{x_1\}, \{x_2\}, \{x_3, x_4\}\}$。

假設由某種屬性定義的一個分類的集合為：$X_1=\{x_1, x_2\}$，$X_2=\{x_1, x_3\}$，則$\overline{R}(X_1)=\underline{R}(X_1)=\{x_1, x_2\}$，稱為可定義集合。

$\underline{R}(X_2)=\{x_1\}$，$\overline{R}(X_2)=\{x_1, x_3, x_4\}$，稱為粗糙集。

[註] 這個不可分辨關係：$[x_1]_R=\{x_1\}, [x_2]_R=\{x_2\}, [x_3]_R=\{x_3, x_4\}, [x_4]_R=\{x_3, x_4\}$，可以使用以下的表格和矩陣加以表示。

	x_1	x_2	x_3	x_4
x_1	×			
x_2		×		
x_3			×	×
x_4			×	×

$$\begin{array}{c|cccc} & x_1 & x_2 & x_3 & x_4 \\ \hline x_1 & 1 & & & \\ x_2 & & 1 & & \\ x_3 & & & 1 & 1 \\ x_4 & & & 1 & 1 \end{array}$$

從表格和矩陣中，很容易可以得到同樣的結果：

如果$X_1=\{x_1, x_2\}$時，$\overline{R}(X_1)=\underline{R}(X_1)=\{x_1, x_2\}$。

如果$X_2=\{x_1, x_3\}$時，$((\underline{R}(X_2), \overline{R}(X_2))=\{\{x_1\}, \{x_1, x_3, x_4\}\}$。

如果$X_3=\{x_1, x_4\}$時，$((\underline{R}(X_3), \overline{R}(X_3))=\{\{x_1\}, \{x_1, x_3, x_4\}\}$。

如果$X_4=\{x_1, x_2, x_3, x_4\}$時，$((\underline{R}(X_2), \overline{R}(X_2))=\{\{x_1, x_2\}, \{x_1, x_2, x_3, x_4\}\}$。等等。

(4) 假設(U, R)為近似空間，寫成

$U/R=\{\{x_1\}, \{x_2\}, \{x_3, x_4\}\}$，$X=\{x_1, x_3\}$，$Y=\{x_2, x_4\}$

$\underline{R}(X)=\{x_1\}$，$\underline{R}(Y)=\{x_2\}$，$\underline{R}(X\cup Y)=\underline{R}(U)=U$。

於是$\underline{R}(X\cup Y)\neq\underline{R}(X)\cup\underline{R}(Y)$。

同樣的：$\overline{R}(X)=\{x_1, x_3, x_4\}$，$\overline{R}(Y)=\{x_2, x_3, x_4\}$，

$\overline{R}(X\cap Y)=\overline{R}(\phi)=\phi$

則　$\overline{R}(X\cap Y)\neq\overline{R}(X)\cap\overline{R}(Y)$

(5)　假設(U, R)為近似空間，增加了x_4, x_5, x_6, x_7, x_8之後，可以寫成

$U/R=\{\{x_1, x_2\}, \{x_3, x_4\}, \{x_5, x_6\}, \{x_7, x_8\}\}$，以矩陣表示則為

$$\begin{array}{c|cccccccc} & x_1 & x_2 & x_3 & x_4 & x_5 & x_6 & x_7 & x_8 \\ x_1 & 1 & 1 & & & & & & \\ x_2 & 1 & 1 & & & & & & \\ x_3 & & & 1 & 1 & & & & \\ x_4 & & & 1 & 1 & & & & \\ x_5 & & & & & 1 & 1 & & \\ x_6 & & & & & 1 & 1 & & \\ x_7 & & & & & & & 1 & 1 \\ x_8 & & & & & & & 1 & 1 \end{array}$$

對於$X=\{x_1, x_2, x_3, x_7\}$，$Y=\{x_4, x_5, x_6, x_7\}$而言，有

$\underline{R}(X)=\{x_1, x_2\}$，$\overline{R}(X)=\{x_1, x_2, x_3, x_4, x_7, x_8\}$

$\underline{R}(Y)=\{x_5, x_6\}$，$\overline{R}(Y)=\{x_3, x_4, x_5, x_6, x_7, x_8\}$

$\therefore bn_R(X)=\overline{R}(X)-\underline{R}(X)=\{x_3, x_4, x_7, x_8\}=bn_R(Y)$

因此：$\underline{R}(X\cup Y)=\underline{R}(X)\cup\underline{R}(Y)\cup\underline{Z}(x, y)$

$\overline{R}(X\cap Y)=\overline{R}(X)\cap\overline{R}(Y)-\overline{Z}(x, y)$

得到：$\underline{Z}(x, y)=\{x_i \mid [x_i]_R\subseteq\{x_3, x_4, x_7\}\}=\{x_3, x_4\}$

$\overline{Z}(x, y)=\{x_i, \mid [x_i]_R\subseteq\{x_3, x_4, x_7, x_8\}, [x_i]_R\cap\{x_7\}=\phi\}$

$=\{x_3, x_4\}$

例 2.24 $U=A=\{$王, 小林, 小川, 李, 張, 山口, 陳, 金, 老王, 大林$\}$

$=\{x_1, x_2, x_3, x_4, x_5, x_6, x_7, x_8, x_9, x_{10}\}$

根據出生地分類屬性，可以得到：

(1) $U|R_1=\{\{x_1, x_4, x_5, x_7, x_9\}, \{x_2, x_3, x_6, x_{10}\}, \{x_8\}\}$：根據出生地分類

(2) $Y_1=\{x_1, x_4, x_5, x_7, x_9\}$：臺灣人

(3) $Y_2=\{x_2, x_3, x_6, x_{10}\}$ ：日本人

(4) $Y_3=\{x_8\}$ ：韓國人

假設由某種屬性定義的一個分類的集合為：

$X=\{x_1, x_4\}=\{$王，李$\}$則 $Y_1, Y_2, Y_3 \not\subset X$。

$\therefore \underline{R}(X)=\phi$，$pos_R(X)=\underline{R}(X)=\phi$：無法分類。又因為

$Y_1 \cap X \neq \phi$，而 $Y_2 \cap X \neq \phi$，$Y_3 \cap X \neq \phi$。

得到：$\overline{R}(X)=Y_1=\{x_1, x_4, x_7, x_8\}$，

$bn_R(X)=\overline{R}(X)-\underline{R}(X)=\{x_1, x_4, x_7, x_8\}$

$neg_R(X)=U-\underline{R}(X)\}$

$=\{x_1, x_2, x_3, x_4, x_5, x_6, x_7, x_8, x_9, x_{10}\}$

這表示可以知道我們按出生地分類的等價關係。

假設由某種屬性定義的另一個分類的集合改為：$X=\{x_3, x_8\}$ $=\{$小川，金$\}$

則 $Y_1, Y_2 \not\subset X$，$Y_3 \subset X$。

$\therefore \underline{R}(X)=Y_3=\{x_8\}$：可確定$\{x_8\}=\{$金$\}$的類型。

又因 $Y_3 \cap X \neq \phi$，$Y_2 \cap X \neq \phi$，$Y_1 \cap X=\phi$。

得到：$\overline{R}(X)=Y_2 \cup Y_3=\{x_2, x_3, x_6, x_8, x_{10}\}$

$bn_R(X)=\overline{R}(X)-\underline{R}(X)=\{x_2, x_3, x_6, x_{10}\}$

$$neg_R(X) = U - \underline{R}(X)\} = \{x_1, x_2, x_3, x_4, x_5, x_6, x_7, x_9, x_{10}\}$$

$$pos_R(X) = \underline{R}(X) = \{x_8\}$$

2.3.3 近似精確度與粗糙度

集合中範疇定義的不確定性是由於邊界域的存在而引起的，為了更精確地表示這種粗糙近似精度的思想，我們引入了下面不精確性的數值量度公式。

假設 $X \subseteq U \wedge X \neq 0$，則近似分類精確度為

$$\alpha_R(X) = \frac{card(\underline{R}(X))}{card(\overline{R}(X))} = \left|\frac{\underline{R}(X)}{\overline{R}(X)}\right| \tag{2-26}$$

其中：$0 \leq \alpha_R(X) \leq 1$

因為 $\underline{R}(X) \subseteq \overline{R}(X) \rightarrow card(\underline{R}(X)) \leq card(\overline{R}(X))$，

當 $\alpha_R(X) = 1$ 時，$\underline{R}(X) = \overline{R}(X)$，則 $bn_R(X) = 0$，X 的 R 邊界域為空，集合 X 為 R 可定義的；X 是精確可定義的。

當 $\alpha_R(X) < 1$ 時，集合 X 有非空邊界域，該集合為 R 不可定義的。此外兩個集合間的距離也可以定義如下（又稱為粗糙度）。

$$d(\underline{R}(X), \overline{R}(X)) = \frac{card(\underline{R}(X) \cup \overline{R}(X) - \underline{R}(X) \cap \overline{R}(X))}{card(\underline{R}(X) \cup \overline{R}(X))}$$

$$= \frac{card(\underline{R}(X) \cup \overline{R}(X) - card(\underline{R}(X) \cap \overline{R}(X))}{card(\underline{R}(X) \cup \overline{R}(X))}$$

$$= 1 - \frac{card(\underline{R}(X) \cap \overline{R}(X))}{card(\underline{R}(X) \cup \overline{R}(X))}$$

$$= 1 - \frac{card(\underline{R}(X))}{card(\overline{R}(X))}$$

$$= 1 - \alpha_R(X) \qquad (2\text{-}27)$$

（2-27）式的度量方式被稱為Marczewski-Steinhaus測度，或者稱為 MZ 測度。可見X的R粗糙度與精確度恰恰相反；近似精確度與上近似集和下近似集的距離函數是互補的。

還有一個稱為近似分類質量的定義也是值得參考的。

$$r_R(X) = \frac{card(\underline{R}(X))}{card(U)} = \frac{|\underline{R}(X)|}{|U|} \qquad (2\text{-}28)$$

從以上的想法，我們可以引入根據R，X的近似分類質量計算的新方法。

對以上的二個量度計算方法，再加以簡單的擴張，我們又可以得到以下新的定義：

1. 根據R，F的近似分類精度

$$\alpha_R(F) = \frac{\sum_{i=1}^{n} card(\underline{R}(X_i))}{\sum_{i=1}^{n} card(\overline{R}(X_i))} = \frac{\sum_{i=1}^{n} |\underline{R}(X_i)|}{\sum_{i=1}^{n} |\overline{R}(X_i)|} \qquad (2\text{-}29)$$

2. 根據R，F的近似分類質量

$$r_R(F)=\frac{\sum_{i=1}^{n} card(\underline{R}(X_i))}{card(U)}=\frac{\sum_{i=1}^{n} |\underline{R}(X_i)|}{|U|} \qquad (2\text{-}30)$$

其中：$U=\cup_{i=1}^{n} F, F=\{X_1, X_2, \cdots, X_n\}, X_i=\{x_1, x_2, \cdots, x_k\}, i=1, 2, \cdots, n$

F是U的n個分類的集合族，而分類是基於知識R進行的。

例 2.25 $U=A=\{$王, 小林, 小川, 李, 張, 山口, 陳, 金, 老王, 大林$\}$

$=\{x_1, x_2, x_3, x_4, x_5, x_6, x_7, x_8, x_9, x_{10}\}$，

根據出生地分類屬性，可以得到：

$U|R_1=\{\{x_1, x_4, x_5, x_7, x_9\}, \{x_2, x_3, x_6, x_{10}\}, \{x_8\}\}$：根據出生地分類

$\therefore Y_1=\{x_1, x_4, x_5, x_7, x_9\}$：臺灣人

$Y_2=\{x_2, x_3, x_6, x_{10}\}$：日本人

$Y_3=\{x_8\}$：韓國人

假設由某種屬性定義的一個分類的集合為：$X=\{x_1, x_4\}=$ {王，李}，則$Y_1, Y_2, Y_3 \not\subset X$。所以$\underline{R}(X)=\phi$，$pos_R(X)=\underline{R}(X)=\phi$：無法分類。

又因為 $Y_1 \cap X \neq \phi$，而 $Y_2 \cap X=\phi$，$Y_3 \cap X=\phi$。

$\therefore \overline{R}(X)=Y_1=\{x_1, x_4, x_7, x_8\}$

$$\alpha_R(X)=\frac{card(\underline{R}(X))}{card(\overline{R}(X))}=\left|\frac{\underline{R}(X)}{\overline{R}(X)}\right|=\frac{0}{4}=0$$

$$d(\underline{R}(X), \overline{R}(X))=1-\alpha_R(X)=1$$

假設由某種屬性定義的分類的集合改為：$X=\{x_3, x_8\}=$ {小川，金}，則 $Y_1, Y_2 \not\subset X$，$Y_3 \subset X$。所以$\underline{R}(X)=Y_3=\{x_8\}$，

可以確定$\{x_8\}=\{$金$\}$的類型。

又因為$Y_3 \cap X \neq \phi$，$Y_2 \cap X \neq \phi$，$Y_1 \cap X = \phi$。

$\therefore \overline{R}(X) = Y_2 \cup Y_3 = \{x_2, x_3, x_6, x_8, x_{10}\}$

$\therefore bn_R(X) = \overline{R}(X) - \underline{R}(X) = \{x_2, x_3, x_6, x_{10}\}$

$neg_R(X) = U - \underline{R}(X) = \{x_1, x_2, x_3, x_4, x_5, x_6, x_7, x_9, x_{10}\}$

$pos_R(X) = \underline{R}(X) = \{x_8\}$

$$\alpha_R(X) = \frac{card(\underline{R}(X))}{card(\overline{R}(X))} = \left|\frac{\underline{R}(X)}{\overline{R}(X)}\right| = \frac{1}{5}$$

$$d(\underline{R}(X), \overline{R}(X)) = 1 - \alpha_R(X) = \frac{4}{5}$$

從以上的例題我們可以很明白地發現，粗糙集與概率論，模糊集理論的不同是粗糙集不精確性的數值不是事先假定的，都是根據表達知識不正確性的概念近似計算時所產生的。不精確性的數值表示這有限知識（對象分類能力）的程度，所以，不需要使用一個機構指定精確的數值以表現不精確的知識；只要採用量化概念（分類）加以處理，以不精確性的數值特徵表達概念的精確度。

根據上近似集與下近似集$\overline{R}(X)$與$\underline{R}(X)$的定義，我們可以再定義以下四種不同「拓撲特徵」的重要粗集：

(1) 當$\underline{R}(X) \neq \phi$，且$\overline{R}(X) \neq U$，則稱$X$為$R$粗糙可定義

(2) 當$\underline{R}(X) = \phi$，且$\overline{R}(X) \neq U$，則稱X為R內不可定義

(3) 當$\underline{R}(X) \neq \phi$，且$\overline{R}(X) = U$，則稱$X$為$R$外不可定義

(4) 當$\underline{R}(X) = \phi$，且$\overline{R}(X) = U$，則稱X為R全不可定義。

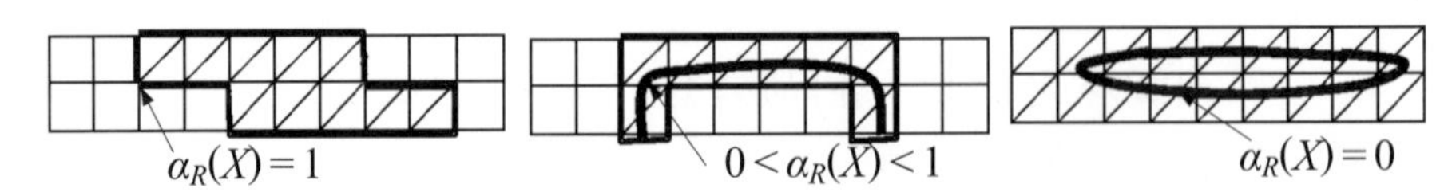

(a)集合 X 為全可定義的 (b)集合 X 為部分可定義的 (c)集合 X 為全部不可定義的

圖 2-6・近似空間中集合 X 可定義性的示意圖

例 2.26 給定一知識庫 $K=(U, R)$ 和一等價關係 $R \in ind(K)$，其中

$U=\{$楊, 王, 小林, 小川, 李, 張, 山口, 陳, 金, 老王, 大林$\}$

$=\{x_0, x_1, x_2, x_3, x_4, x_5, x_6, x_7, x_8, x_9, x_{10}\}$，

$R_4=\{E_1, E_2, E_3, E_4, E_5\}$。根據擔任地區分類屬性，可得：

$U|R_4=\{\{x_0, x_1\}, \{x_2, x_6, x_9\}, \{x_3, x_5\}, \{x_4, x_8\}, \{x_7, x_{10}\}\}$：根據業務擔任地區分類，而等價類為

$E_1=\{x_0, x_1\}$　　：東地區

$E_2=\{x_2, x_6, x_9\}$：中央地區

$E_3=\{x_3, x_5\}$　　：西地區

$E_4=\{x_4, x_8\}$　　：南地區

$E_5=\{x_7, x_{10}\}$　：北地區

(1)　R 可定義的例子

假設由某種屬性定義的一個分類的集合為

$X_1=\{x_0, x_1, x_4, x_8\}$，$X_2=\{x_3, x_4, x_5, x_8\}$，則

因為：$\underline{R}(X_1)=\overline{R}(X_1)=E_1 \cup E_4=\{x_0, x_1, x_4, x_8\}$

得到 $\alpha_R(X_1)=\dfrac{card(\underline{R}(X_1))}{card(\overline{R}(X_1))}=\left|\dfrac{\underline{R}(X_1)}{\overline{R}(X_1)}\right|=\dfrac{4}{4}=1$

因為：$\underline{R}(X_2)=\overline{R}(X_2)=E_2 \cup E_4=\{x_3, x_4, x_5, x_8\}$

得到 $\alpha_R(X_2)=\dfrac{4}{4}=1$。所以，$X_1$ 及 X_2 為 R 可定義的例子。

(2) R粗糙可定義的例子

假設由某種屬性定義的一個分類的集合為

$X_1 = \{x_1, x_7, x_8, x_{10}\}$，$X_2 = \{x_2, x_3, x_4, x_8\}$，則

因為：$\underline{R}(X_1) = E_5 = \{x_7, x_{10}\}$，

$\overline{R}(X_1) = E_1 \cup E_4 \cup E_5 = \{x_0, x_1, x_4, x_7, x_8, x_{10}\}$

$bn_R(X_1) = \overline{R}(X_1) - \underline{R}(X_1) = E_1 \cup E_4$

$= \{x_0, x_1, x_4, x_8\}$

得到 $\alpha_R(X_1) = \left|\dfrac{\underline{R}(X_1)}{\overline{R}(X_1)}\right| = \dfrac{2}{6} = \dfrac{1}{3}$

因為：$\underline{R}(X_2) = E_4 = \{x_4, x_8\}$，

$\overline{R}(X_2) = E_2 \cup E_3 \cup E_4 = \{x_2, x_3, x_4, x_5, x_6, x_8, x_9\}$

$bn_R(X_2) = \overline{R}(X_2) - \underline{R}(X_2) = E_2 \cup E_3$

$= \{x_2, x_3, x_5, x_6, x_9\}$

得到 $\alpha_R(X_2) = \dfrac{2}{7}$。所以，$X_1$ 及 X_2 為 R 粗糙可定義的例子。

(3) R內不可定義的例子

假設由某種屬性定義的一個分類的集合為

$X_1 = \{x_1, x_2, x_4, x_7\}$，$X_2 = \{x_2, x_3, x_4\}$，則

因為：$\overline{R}(X_1) = E_1 \cup E_2 \cup E_4 \cup E_5$

$= \{x_0, x_1, x_2, x_4, x_6, x_7, x_8, x_9, x_{10}\}$

$\underline{R}(X_2) = E_2 \cup E_3 \cup E_4 = \{x_2, x_3, x_4, x_5, x_6, x_8, x_9\}$

顯然它們的下近似集為空集合，精確度為 0。所以，X_1 及 X_2 為內不可定義的例子。

(4) R外不可定義的例子

假設由某種屬性定義的一個分類的集合為

$X_1=\{x_0, x_1, x_2, x_3, x_4, x_7\}$，

$X_2=\{x_1, x_2, x_3, x_6, x_8, x_9, x_{10}\}$，則

因為：$\underline{R}(X_1)=E_1=\{x_0, x_1\}$，

$\overline{R}(X_1)=E_1\cup E_2\cup E_3\cup E_4\cup E_5=U$

$bn_R(X_1)=\overline{R}(X_1)-\underline{R}(X_1)=E_2\cup E_3\cup E_4\cup E_5$

$=\{x_2, x_3, x_4, x_5, x_6, x_7, x_8, x_9, x_{10}\}$

得到 $\alpha_R(X_1)=\left|\frac{\underline{R}(X_1)}{\overline{R}(X_1)}\right|=\frac{2}{11}$。

因為：$\underline{R}(X_2)=E_2=\{x_2, x_6, x_9\}$，

$\overline{R}(X_2)=E_1\cup E_2\cup E_3\cup E_4\cup E_5=U$

$bn_R(X_2)=\overline{R}(X_2)-\underline{R}(X_2)=E_1\cup E_3\cup E_4\cup E_5$

$=\{x_0, x_1, x_3, x_4, x_5, x_6, x_7, x_8, x_{10}\}$

得到 $\alpha_R(X_2)=\frac{3}{11}$。所以，$X_1$ 及 X_2 為 R 外不可定義的例子。

(5) R 全不可定義的例子

假設由某種屬性定義的一個分類的集合為

$X_1=\{x_0, x_2, x_3, x_4, x_7\}$，$X_2=\{x_0, x_2, x_4, x_5, x_7\}$，則

因為：$\underline{R}(X_1)=\phi$，$\overline{R}(X_1)=E_1\cup E_2\cup E_3\cup E_4\cup E_5=U$

$bn_R(X_1)=\overline{R}(X_1)-\underline{R}(X_1)=U$

得到 $\alpha_R(X_1)=\left|\frac{\underline{R}(X_1)}{\overline{R}(X_1)}\right|=\frac{0}{11}=0$

因為：$\underline{R}(X_2)=\phi$，$\overline{R}(X_2)=E_1\cup E_2\cup E_3\cup E_4\cup E_5=U$

$bn_R(X_2)=\overline{R}(X_2)-\underline{R}(X_2)=U$

得到 $\alpha_R\ (X_2)=\frac{0}{11}=0$。所以，$X_1$ 及 X_2 為 R 全不可定義的例子。

例 2.27 R 為 $U=\{$王, 小林, 小川, 李, 張, 山口, 陳, 金, 老王, 大林$\}$ $=\{x_1, x_2, x_3, x_4, x_5, x_6, x_7, x_8, x_9, x_{10}\}$的一個等價關係，根據出生地 R_1，職業 R_3，亦即 $R_1=\{X_1, X_2, X_3\}$，$R_3=\{Z_1, Z_2, Z_3\}$這些屬性，可以得到三種分類的等價類：

$X_1=\{x_1, x_4, x_5, x_7, x_9\}$，$X_2=\{x_2, x_3, x_6, x_{10}\}$及 $X_3=\{x_8\}$。

同樣地，$Z_1=\{x_2, x_4, x_5, x_6, x_9, x_{10}\}$，

$Z_2=\{x_1, x_7\}$及 $Z_3=\{x_3, x_8\}$。

因為：$\underline{R}\ (Z_1)=\phi$，$\overline{R}\ (Z_1)=X_1\cup X_2$

$=\{x_1, x_2, x_3, x_4, x_5, x_6, x_7, x_9, x_{10}\}$

$\underline{R}\ (Z_2)=\phi$，$\overline{R}\ (Z_2)=X_1=\{x_1, x_4, x_5, x_7, x_9\}$

$\underline{R}\ (Z_3)=X_3=\{x_8\}$，

$\overline{R}\ (Z_3)=X_2\cup X_3=\{x_2, x_3, x_6, x_8, x_{10}\}$

所以：$$\alpha_R(F)=\frac{\sum_{I=1}^{N} card(\underline{R}(X_i))}{\sum_{I=1}^{N} card(\overline{R}(X_i))}=\frac{\sum_{I=1}^{N} |\underline{R}(X_i)|}{\sum_{I=1}^{N} |\overline{R}(X_i)|}=\frac{0+0+1}{9+5+5}=\frac{1}{19}$$

$$r_R(F)=\frac{\sum_{I=1}^{N} card(\underline{R}(X_i))}{card(U)}=\frac{\sum_{I=1}^{N} |\underline{R}(X_i)|}{|U|}=\frac{1}{10}$$

例 2.28 粗糙集與粒度的關係

下圖反應了隨著知識粒度的變化，下近似集基數、上近似集基數和邊界域基數發生的變化，分別反映了同一待分類的知識在粗粒度，中粒度，細粒度的知識背景下分類的情

況。從這裡的數值計算結果，也可以看出背景知識越細，邊界越小，明確屬於和不屬於的成分越大，粗糙的程度越低。這就是粗糙集理論以「粗糙」為名的原因。

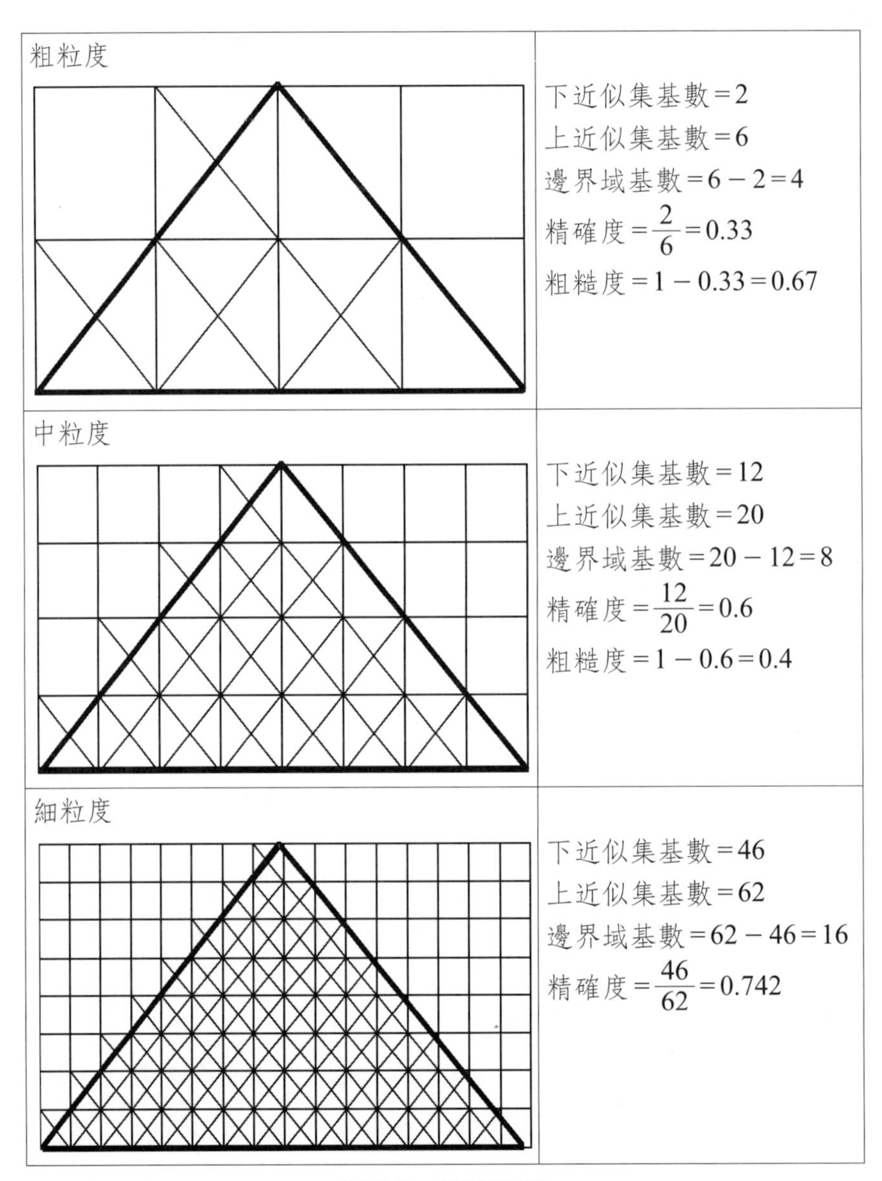

圖 2-7・粒度比較

2.3.4 粗糙集歸屬函數（rough membership function）

在粗糙集中也定義了一個和模糊歸屬度類似的數學函數，稱為粗糙集歸屬函數，主要表示全集合中的元素屬於一個給定集合的程度大小值。借用不分明關係 R 我們可以定義粗糙集的歸屬函數，亦即如果有一子集合 $X \subseteq U$，定義元素 a 對集合 X 歸屬函數為

$$\mu_X(x) = \frac{card([x]_R) \cap X)}{card([x]_R)} = \frac{card(X \cap R(x))}{card(R(x))} \tag{2-31}$$

其中：(1) $card$ 為取集合中元素的個數（基數）。

(2) $[x]_R = R(x) = \{y: (y \in)) \wedge (yRx)\}$ 表示與 a 不可分辨的對像所組成之集合。$R(x)$ 是包含 x 的類。

(3) $\mu_x(x) \in [0, 1]$

粗糙集歸屬函數主要是在解釋以 R 等價類分配的近似集合，集合中 x 元素是否被正確的分類。如果 $\mu_X(x)$ 接近 1，代表分類與決策表是相當一致的。粗糙集歸屬函數有下面的性質：

(1) $\mu_X(x) = 1$，若且為若 $x \in \underline{R}\ (x)$

(2) $\mu_X(x) = 0$，若且為若 $x \in U - \overline{R}\ (X)$

(3) $0 < \mu_X(x) < 1$，若且為若 $x \in bn_R(X)$

(4)如果 $ind\ (R) = \{(x, x): x \in U\}$，則 $\mu_X(x)$ 是 X 的特徵函數

(5)如果 $x\ ind\ (R)\ y$，則 $\mu_X(x) = \mu_X(y)$ 提供的 $ind\ (R)$ 是一個等價關係

(6)對任意 $x \in U$，$\mu_{U-X}(x) = 1 - \mu_X(x)$ 成立

(7)對任意$x \in U$，$\mu_{X \cup Y}(x) \geq \max.(\mu_X(x), \mu_Y(x))$

(8)對任意$x \in U$，$\mu_{X \cap Y}(x) \geq \min.(\mu_X(x), \mu_Y(x))$

(9)如果X是U中兩兩互相分離的集合構成的族，則對任意$x \in U$，

$\mu_{\cup X}(x) = \sum_{x \in X} \mu_X(x)$，這裡提供的$ind\,(R)$是一個等價關係函數。

粗糙集歸屬函數可以解釋為一個係數，它可以表示為一個$x \in U$是X的成員的不精確性。

利用上述的粗糙集歸屬函數的新概念，我們又可以得到以下的定義：

（下近似集合）$\underline{R}\,(X) = \{x \in U: \mu_X(x) = 1\}$

（上近似集合）$\overline{R}\,(X) = \{x \in U: \mu_X(x) > 0\}$

（邊界域）$bn_R\,(X) = \{x \in U: 0 < \mu_X(x) < 1\}$

（正域）$pos_R\,(X) = \{x \in U: \mu_X(x) = 1\}$

（負域）$neg_R\,(X) = \{x \in U: \mu_X(x) = 0\}$

例 2.29 求表 2-3 的粗糙集歸屬函數。

某玩具公司出產變形金剛玩具八種，條件屬性為顏色，大小比例及價格，決策屬性為銷售量，如表 2-3 所示。

表 2-3・變形金剛玩具資訊系統表

屬性與對象	條件屬性			決策屬性
	顏色 a_1	大小比例 a_2	價格 a_3	銷售量 D
x_1	紅色	1:8	中	不好
x_2	黑色	1:6	低	好
x_3	銀灰色	1:6	中	好
x_4	銀灰色	1:8	高	不好
x_5	黑色	1:10	中	好
x_6	紅色	1:6	低	不好
x_7	銀灰色	1:6	中	好
x_8	黑色	1:10	中	不好

解：根據定義求其等價關係。本題由於一個屬性相當於一個等價關係，共有三個屬性，還有一個決策屬性，因此可以分類為：

(1) $\frac{U}{a_1}=\{\{x_1,x_6\},\{x_2,x_5,x_8\},\{x_3,x_4,x_7\}\}$

(2) $\frac{U}{a_2}=\{\{x_1,x_4\},\{x_2,x_3,x_6,x_7\},\{x_5,x_8\}\}$

(3) $\frac{U}{a_3}=\{\{x_1,x_3,x_5,x_7,x_8\},\{x_2,x_6\},\{x_4\}\}$

(4) 對全條件屬性為：

$$\frac{U}{C}=\frac{U}{\{a_1,a_2,a_3\}}=\{\{x_1\},\{x_2\},\{x_3,x_7\},\{x_4\},\{x_5,x_8\},\{x_6\}\}$$

(5) 對決策屬性為：$\frac{U}{D}=\{\{x_1,x_4,x_6,x_8\},\{x_2,x_3,x_5,x_7\}\}=\{X_1,X_2\}$

接著，求出其相對 X_1 及 X_2 的下近似集及上近似集。

(1) 相對於$\{X_1\}$的粗糙集的下近似集$\underline{R}(X_1)$及上近似集$\overline{R}(X_1)$為

$\underline{R}(X_1)=\{x_1,x_4,x_6\}$，$\overline{R}(X_1)=\{x_1,x_4,x_5,x_6,x_8\}$。

$\because$相對 $X_1=\{x_1,x_4,x_6,x_8\}$時，

$\frac{U}{C} \subseteq X_1 \quad \therefore \underline{R}(X_1) = \{x_1\} \cap \{x_4\} \cap \{x_6\} = \{x_1, x_4, x_6\}$

$\frac{U}{C} \cap X_1 \quad \therefore \overline{R}(X_1) = \{x_1\} \cup \{x_4\} \cup \{x_5, x_8\} \cup \{x_6\}$

$= \{x_1, x_4, x_5, x_6, x_8\}$

$bn_R(X_1) = \overline{R}(X_1) - \underline{R}(X_1) = \{x_5, x_8\}$

(2) 相對於$\{X_2\}$的粗糙集的下近似集$\underline{R}(X_2)$及上近似集$\overline{R}(X_2)$為

$\underline{R}(X_2) = \{x_2, x_3, x_7\}$，$\overline{R}(X_2) = \{x_2, x_3, x_5, x_7, x_8\}$。

$\because$相對$X_2 = \{x_2, x_3, x_5, x_7\}$時，

$\frac{U}{C} \subseteq X_2 \quad \therefore \underline{R}(X_2) = \{x_2\} \cap \{x_3, x_7\} = \{x_2, x_3, x_7\}$

$\frac{U}{C} \cap X_2 \quad \therefore \overline{R}(X_2) = \{x_2\} \cup \{x_3, x_7\} \cup \{x_5, x_8\} = \{x_2, x_3, x_5, x_7, x_8\}$

$bn_R(X_2) = \overline{R}(X_2) - \underline{R}(X_2) = \{x_5, x_8\}$

而粗糙集的歸屬函數為

(1) 由相對於$\{X_1\}$的粗糙集的下近似集$\underline{R}(X_1) = \{x_1, x_4, x_6\}$，根據公式的定義可以得到：$\mu_{X_1}(1) = \mu_{X_1}(4) = \mu_{X_1}(6) = 1$，

$\mu_{X_1}(2) = \mu_{X_1}(3) = \mu_{X_1}(7) = 0$

$\mu_{X_1}(5) = \mu_{X_1}(8) = 0.5$

(2) 由相對於$\{X_2\}$的粗糙集的下近似集 $\underline{R}(X_2) = \{x_2, x_3, x_7\}$，同樣地，可以得到：$\mu_{X_2}(2) = \mu_{X_2}(3) = \mu_{X_2}(7) = 1$，

$\mu_{X_2}(1) = \mu_{X_2}(4) = \mu_{X_2}(6) = 0$

$\mu_{X_2}(5) = \mu_{X_2}(8) = 0.5$

2.3.5 近似集的性質

從 R 上近似集和 R 下近似集的定義，我們可以得到以下的一些性質。

(1) $\underline{R}(X) \subseteq X \subseteq \overline{R}(X)$

(2) $\underline{R}(\phi) = \overline{R}(\phi) = \phi$，$\underline{R}(U) = \overline{R}(U) = U$

(3) $\overline{R}(X \cup Y) = \overline{R}(X) \cup \overline{R}(Y)$

(4) $\underline{R}(X \cap Y) = \underline{R}(X) \cap \underline{R}(Y)$

(5) $X \subseteq Y \rightarrow \underline{R}(X) \subseteq \underline{R}(Y)$

(6) $X \subseteq Y \rightarrow \overline{R}(X) \subseteq \overline{R}(Y)$

(7) $\underline{R}(X \cup Y) \supseteq \underline{R}(X) \cup \underline{R}(Y)$

(8) $\overline{R}(X \cap Y) \supseteq \overline{R}(X) \cap \overline{R}(Y)$

(9) $\underline{R}(-X) = -\overline{R}(X)$

(10) $\overline{R}(-X) = -\underline{R}(X)$

(11) $\underline{R}(\underline{R}(X)) = \overline{R}(\underline{R}(X)) = \underline{R}(X)$

(12) $\overline{R}(\overline{R}(X)) = \underline{R}(\overline{R}(X)) = \overline{R}(X)$

其中有幾個很重要的性質。例如：(7)與(8)說明聯集的下近似集不等於下近似集的聯集，同樣的交集的上近似集不等於上近似集的交集，給出於不精確，近似表達形式所定定義的知識庫的邏輯和公式。(9)與(10)則描述了集合的上近似集和下近似集之間的很自然的關係，表明了上近似集和下近似集之間的特性。

證明： *1.* (1)如果 $x \in \underline{R}(X)$，則 $[x] \subseteq X$；但是 $x \in [x]$，所以 $x \in X$，並且

$X \subseteq \underline{R}(X)$。

⑵ 如果 $x \in X$ 時，$x \in [x] \cap X$，則 $[x] \cap X \neq \phi$，所以 $x \in \underline{R}(X)$，並且 $x \subseteq \underline{R}(X)$。

2.⑴ 從性質⑴可以得知 $\underline{R}(\phi) \subseteq \phi$，並且 $\phi \subseteq \underline{R}(\phi)$（因為空集合包含在每一集合中），所以 $\underline{R}(\phi) = \phi$。

⑵ 假接 $\overline{R}(\phi) = \phi$，則存在 x 並且 $x \in \overline{R}(\phi)$，使得 $[x] \cap \phi \neq \phi$，但是 $[x] \cap \phi \neq \phi$，與假設矛盾，所以 $\overline{R}(\phi) = \phi$。

⑶ 從性質⑴中可以得知 $\underline{R}(U) \subseteq U$。為了證明 $U = \underline{R}(U)$，我們觀察如果 $x \in X$ 時，因為 $[x] \subseteq U$，則 $x \subseteq \underline{R}(U)$。

所以 $\underline{R}(U) = U$。

⑷ 從性質⑴中可以得知 $\overline{R}(U) \supset U$，但是 $\overline{R}(U) \subseteq U$，所以 $\overline{R}(U) = U$。

3.如果 $x \in \overline{R}(X \cup Y)$，若且為若

$[x] \cap ((X \cup Y) \neq 0$，$[x] \cap X \cup [x] \cap Y \neq 0$，$[x] \cap X \neq 0 \vee [x] \cap Y \neq 0$

$x \in \overline{R}(X) \vee x \in \overline{R}(Y)$，$x \in \overline{R}(X) \cup \overline{R}(Y)$

所以 $\overline{R}(X \cup Y) = \overline{R}(X) \cup \overline{R}(Y)$。

4.如果 $x \in \underline{R}(X \cap Y)$，若且為若

$[x] \subseteq (X \cap Y)$，$[x] \subseteq X \wedge [x] \subseteq Y$，$x \in \underline{R}(X) \cap \underline{R}(Y)$，

所以：$\underline{R}(X \cap Y) = \underline{R}(X) \cap \underline{R}(Y)$。

5.因為 $X \subseteq Y$，若且為若 $(X \cap Y) = X$，根據⑷中 $\underline{R}(X \cap Y) = \underline{R}(X)$，又因為 $\underline{R}(X) \cap \underline{R}(Y) = \underline{R}(X)$，所以 $\underline{R}(X) \subseteq \underline{R}(Y)$。

6.因為 $X \subseteq Y$，若且為若 $(X \cup Y) = Y$，根據⑷中 $\underline{R}(X \cap Y) = \underline{R}(X)$，所以：$\overline{R}(X \cup Y) \subseteq \overline{R}(X)$。又從⑶中得知 $\overline{R}(X) \cup \overline{R}(Y) = \overline{R}(Y)$，

因此$\overline{R}(X)\subseteq\overline{R}(Y)$。

7. 因為$X\subseteq X\cup Y$，並且$Y=(X\cup Y)$，又因為$\underline{R}(X)\subseteq\underline{R}(X)\cup\underline{R}(X\cup Y)$，$\underline{R}(Y)\subseteq\underline{R}(X\cup Y)$，所以，上式⊆的兩邊對應聯集結果，可以得到：$\underline{R}(X\cup Y)\supseteq\underline{R}(X)\cup\underline{R}(Y)$

8. 因為$X\cup Y\subseteq X$，並且$(X\cup Y)=Y$，又因為$\overline{R}(X\cap Y)\subseteq\overline{R}(X)$，$\overline{R}(X\cup Y)\subseteq\overline{R}(Y)$，所以，上式⊆的兩邊對應交集結果，可以得到：$\overline{R}(X\cap)\supseteq\underline{R}(X)\cap\underline{R}(Y)$

9. 若且為若$[X]\subseteq X$，$[X]\cap -X=\phi$，$x\neq\overline{R}(-X)$，並且$x\in\underline{R}(X)$，$x\in=-\overline{R}(-X)$，所以$x\in\underline{R}(X)=-\overline{R}(-X)$。

10. 在性質(9)中，以$-X$代替X，可以得到：$\overline{R}(-X)=-\underline{R}(X)$。

11. (1)從性質(1)中：$\underline{R}(\underline{R}(X))\subseteq\overline{R}(\underline{R}(X))$，$X\in\underline{R}(X)$，則$[x]\subseteq X$。

 所以：$\underline{R}[x]\subseteq\underline{R}(X)$，但是$\underline{R}[x]=[X]$，於是$[x]\subseteq\underline{R}(X)$，並且$X\in\underline{R}(\underline{R}(X))$。因此：$\underline{R}(X)\subseteq\underline{R}(\underline{R}(X))$。

 (2)從性質(1)中：$\underline{R}(X)\subseteq\overline{R}(\underline{R}(X))$，又$X\in\overline{R}(\underline{R}(X))$，則$[x]\in\underline{R}(X)\neq\phi$，亦即存在$Y\in[x]$，$Y\in\underline{R}(X)$，所以$[y]\subset X$。但是$[x]=[y]$，因此$[x]\subseteq X$，並且$X\in\underline{R}(X)$。

 所以：$\underline{R}(X)=\overline{R}(\underline{R}(X))$。

12. (1)當時$x\in\overline{R}(\overline{R}(X))$，$[x]\cap\overline{R}(X)\neq\phi$，並且對某些$y\in[x]$，$y\in\overline{R}(X)$。所以$[y]\cap X\neq\phi$。而且$[y]=[x]$，於是$[x]\cap X\neq\phi$，亦即$x\in\overline{R}(X)$，表示$\overline{R}(X)\supset\overline{R}(\overline{R}(X))$。又從性質(1)中得知：$\overline{R}(X)\subseteq\overline{R}(\overline{R}(X))$。所以：$\underline{R}(\underline{R}(X))=\overline{R}(\underline{R}(X))=\underline{R}(X)$

 (2)從性質(1)中得知：$\underline{R}(\overline{R}(X))\subseteq\overline{R}(X)$，剩下的只要證明$\underline{R}(\overline{R}(X))\supset\overline{R}(X)$即可。

 當$x\in\overline{R}(X)$時，$[x]\cap X\neq\phi$，所以$[x]\subseteq\overline{R}(X)$（因為如果

$y \in [x][y] \cap X = [x] \cap X \neq \phi$，即$y \in \overline{R}(X)$），並且

$x \in \underline{R}(\overline{R}(X))$。所以：$\underline{R}(\overline{R}(X)) \supset \overline{R}(X)$。

2.3.6 粗糙集的相同關係和粗糙關係

對任一X的子集合Y（$Y \subseteq X$），Y的相同關係以$ind(Y)$表示。主要的意義為對任二個物元x_i與x_j，若對任一 $b \subset Y$，$b(x_i) = b(x_j)$，則稱二個物元x_i與x_j在子集Y中為相同（indiscernible）。而在子集Y中具有相同關係之集合所成的集合稱為基礎集（elementary set）。對U中的x_i而言，具有相同關係$ind(Y)$的等價集合以$[x_i]_{ind(Y)}$表示。

我們可以利用兩個近似或粗糙歸屬函數以區別這種粗糙集包含關係的新概念。假設給定兩個集合X，$Y \subseteq U$和U上的不分辨關係R，則稱

(1)集合X和Y為R下粗包含：集合X是底R包含於Y，（$X \subseteq_{\underline{R}} Y$）若且為若$\underline{R}(X) \subseteq \underline{R}(Y)$，使用$(X)\underline{C}(Y)$加以表示。

(2)集合X和Y為R上粗包含：集合X是頂R包含於Y，（$X \subseteq_{\overline{R}} Y$）若且為若$\overline{R}(X) \subseteq \overline{R}(Y)$，使用$(X)\overline{C}(Y)$加以表示。

(3)集合X和Y為R粗包含，即下粗包含又上粗包含：集合X是R包含於Y，（$X \subseteq_R Y$）若且為若$X \subseteq_{\overline{R}} Y \wedge X \subseteq_{\underline{R}} Y$，使用$(X)C(Y)$加以表示。

以上3種粗糙包含關係均為擬序關係。如果$X \subseteq_R Y$（或$X \subseteq_{\underline{R}} Y$，$X \subseteq_{\overline{R}} Y$），則稱$X$是$Y$的粗糙集$R$子集合（$R$下子集合，$R$上子集合）。

粗糙關係有上述的粗糙包含之外，還有成員關係和粗糙相等。

1. 成員關係的定義：

(1)下成員關係：若且為若$x \in \underline{R}(X)$，亦即$x \in_{\overline{R}}(X)$；$x \in_{\underline{R}}(X)$表

示根據知識 R，x 確定屬於 X 的定義

(2)上成員關係：若且為若 $x \in \overline{R}(X)$，亦即 $x \in {}_{-R}(X)$；$x \in {}_{\bar{R}}(X)$ 表示根據知識 R，x 可能屬於 X 的定義

所有的成員關係都依賴於知識，重點就是一個對象是否屬於一個集合依賴於所定的知識，並且這不是絕對的。

2. 粗糙相等的定義：

令一個知識庫 $K=(U, R)$，$X, Y \subseteq U$ 並且 $R \in ind(K)$，

(1)集合 X 和 Y 為 R 下粗相等：當 $\underline{R}(X)=\underline{R}(Y)$ 時

(2)集合 X 和 Y 為 R 上粗相等：當 $\overline{R}(X)=\overline{R}(Y)$ 時

(3)集合 X 和 Y 為 R 粗糙相等：當集合 X 和 Y 即下粗相等又上粗相等時，寫成 $X \approx Y$。

以上 3 種粗糙相等關係均為等價關係。

例 2.30 假設 $U=\{x_1, x_2, x_3, x_4, x_5, x_6, x_7, x_8\}$，$R$ 是 U 上的等價關係，等價類為

$E_1=\{x_2, x_3\}$，$E_2=\{x_1, x_4, x_5\}$，$E_3=\{x_6\}$，$E_4=\{x_7, x_8\}$

(1) 給定集合：$X_1=\{x_2, x_4, x_6, x_7\}$，$X_2=\{x_2, x_3, x_4, x_6\}$

因為 $\underline{R}(X_1)=E_3$，$\underline{R}(X_2)=E_1 \cup E_3$，所以 $X_1 \subseteq_{-R} X_2$。

(2) 又給定一個新集合：$Y_1=\{x_2, x_3, x_7\}$：$Y_2=\{x_1, x_2, x_7\}$

因為 $\overline{R}(Y_1)=E_1 \cup E_4$，$\overline{R}(Y_2)=E_1 \cup E_2 \cup E_4$，所以 $Y_1 \subseteq_{\bar{R}} Y_2$。

(3) 再給定另一個新集合：$Z_1=\{x_2, x_3\}$，$Z_2=\{x_1, x_2, x_3, x_7\}$

因為 $\underline{R}(Z_1)=E_1=\underline{R}(Z_2)$，$\overline{R}(Z_1)=E_1 \subseteq E_1 \cup E_2 \cup E_4=\overline{R}(Z_2)$，所以 $Z_1 \subseteq_{-R} Z_2$，$Z_1 \subseteq_{\bar{R}} Z_2$，得到 $Z_1 \subseteq_R Z_2$。

例 2.31　有一個知識庫$K=(U,R)$，其中$U=\{x_1,\cdots,x_8\}$，$R=(E_1,\cdots,R_4)$，$R\in ind(K)$，並且有下列等價類：

$E_1=\{x_2,x_3\}$，$E_2=\{x_1,x_4,x_5\}$，$E_3=\{x_6\}$，$E_4=\{x_7,x_8\}$

(1)　對於集合：$X_1=\{x_2,x_4,x_6,x_7\}$，$X_2=\{x_2,x_3,x_4,x_6\}$。

因為$\underline{R}(X_1)=E_3$，$\underline{R}(X_2)=E_1\cup E_3$，因此$\underline{R}(X_1)\subseteq\underline{R}(X_2)$，

$\therefore (X_1)\underline{C}(X_2)$　$(X_1\subseteq_{-R}X_2)$

(2)　對於集合：$Y_1=\{x_2,x_3,x_7\}$：$Y_2=\{x_1,x_2,x_7\}$。

因為$\overline{R}(Y_1)=E_1\cup E_4$，$\overline{R}(Y_2)=E_1\cup E_2\cup E_4$，因此$\overline{R}(Y_1)\subseteq\overline{R}(Y_2)$。

$\therefore (Y_1)\overline{C}(Y_2)$　$(Y_1\subseteq_{\overline{R}}Y_2)$

(3)　對於集合：$Z_1=\{x_2,x_3\}$，$Z_2=\{x_1,x_2,x_3,x_7\}$。

因為$\underline{R}(Z_1)\subseteq\underline{R}(Z_2)$，因此$\overline{R}(Z_1)\subseteq\overline{R}(Z_2)$，

$\therefore (Z_1)C(Z_2)$　$(Z_1\subseteq_R Z_2)$

2.3.7　粗糙函數

在粗糙集裡，性質上不能討論粗糙函數；不過，如果可以應用擴張新方法的話，它的應用領域會更廣泛的。

假設實函數：$f:X\to Y$，其中X和Y二者都是非負實數集合又假設：$A=(X,S)$，$B=(Y,P)$是二個近似空間。如果我們導入以下的新定義為

(1)f的(S,P)下近似集：$\underline{f}(x)=\underline{P}(f(x)),\ \forall x\in X$

(2) f的(S, P)上近似集：$\overline{f}(x)=\overline{P}(f(x)), \forall x \in X$

那麼，我們所說的函數f就是在x上分明的，若且為若$\underline{f}(x)=\overline{f}(x)$。否則，$f$就是粗糙的，如圖 2-8 所示。粗糙集裡的邊界域在這裡可以解釋為：f在x中的近似誤差，而$\underline{f}(x)$和$\overline{f}(x)$也可以解釋為函數f關於其區間的端點值的離散化。所以，對函數$f(x)$需要討論的時候，可以歸納對下近似集$\underline{f}(x)$和上近似集$\overline{f}(x)$的離散性函數研究。

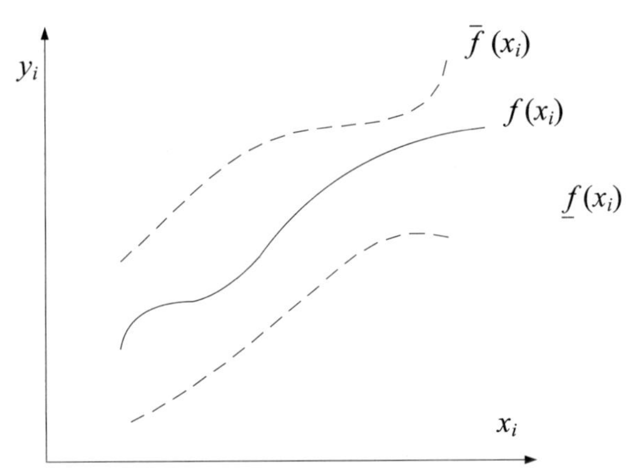

圖 2-8．實函數$f(x)$與兩個離散函數的關係

第 3 章

區間數與區間運算

1 區間數
2 區間的運算
3 區間的距離
4 多級區間數
5 α-cut 及分解定理

本章主要介紹區間數的性質及運算方式。所謂的區間運算在 1950 年時即受到注目，是一種以區間數的解析方式。但是在計算時相當困難，由於近年來電腦的發達，在計算上有電腦的輔助，使得計算變得比較簡單，也容易得到高精確度的數值。由於區間運算主要為上下限值之獲得，在模糊數理解析及灰色系統理論的解析上相當有用。尤其在數值分析上為相當重要的數學分析方法之一，特別是可以保證計算所得之數值具有極高的精確度（numerical method with guaranteed accuracy），因此本章特別詳細介紹相關的內容。

3.1 區間數

一般而言，在實數集合中存在

$$A=\{x\,|\,\underline{a}\le x\le \overline{a}\}\quad x,\underline{a},\overline{a}\in R \tag{3-1}$$

則稱 A 為區間數，並且以 $A=[\underline{a},\overline{a}]$加以表示。

其中：$\underline{a}\le\overline{a}$。$\underline{a},\overline{a}$ 稱為區間數的下限及上限。

而區間則定義為

$$[\underline{x},\overline{x}]=\{x\in R|x\,|\,\underline{x}\le x\le\overline{x}\} \tag{3-2}$$

其中：$\underline{x}<\overline{x}\in R$ 為區間的下端及上端。

而對於 x 而言，即使是一個不確定之實數，必須存在於 $a_1=\underline{a}$ 與

$a_2=\bar{a}$ 之間，亦即 $a_1 \le x \le a_2$ 或 $x \in [a_1, a_2]$，而 a_1 及 a_2 稱為此一區間下限值（下界）及上限值（上界）。

在圖 3-1 中為區間數的表示方式，其中區間數 A 為實數 x 的集合，亦即 $a_1 \le x \le a_2$ 或者 $x \in [a_1, a_2]$，a_1 及 $a_2 \in R$，並且使用（3-3）式表示

$$A=[a_1, a_2]=\{x \mid a_1 \le x \le a_2, x \in R\} \quad (3\text{-}3)$$

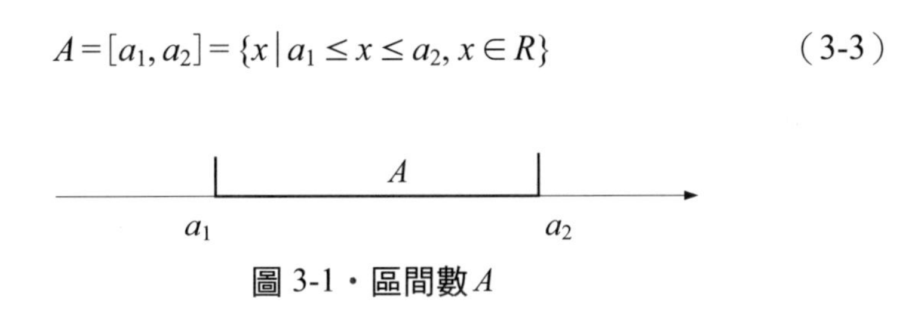

圖 3-1．區間數 A

在 $a_1=a_2=a$ 時，區間數 A 會成為一個實數值，此時稱為點區間。例如 0 [0,0], 8 [8,8]為點區間，寫成

$$a=[a, a] \quad (3\text{-}3)$$

區間數則具有以下之性質

(1)區間數實際上為點區間的擴張。

(2)實數集合 R 本身也為一個區間$(-\infty, \infty)$。

(3)有界閉區間為$[a_1, a_2]$，亦即 $a_1 \le x \le a_2$。

(4)有界開區間為(a_1, a_2)，亦即 $a_1 < x < a_2$。

(5)有界閉區間與開區間為$[a_1, a_2)$，亦即 $a_1 \le x < a_2$。

(6)有界開區間與閉區間為$(a_1, a_2]$，亦即 $a_1 < x \le a_2$。

(7)無界開區間或閉區間為有以下幾種：$(-\infty, a_2]$，$(-\infty, a_2)$，$[a_1, \infty]$，(a_1, ∞)。

為方便計算區間數 A 的大小，定義以下 $w(A)$ 及$|A|$的計算方式。

1. 寬度（width）

$$w(A)=w[a_1,a_2]=a_2-a_1 \tag{3-4}$$

2. 距離（distance）

$$d([x=a])=\overline{x}-\underline{x}=a_2-a_1 \tag{3-5}$$

3. 半徑（radius）

$$r([x])=\frac{\overline{x}-\underline{x}}{2}=\frac{a_2-a_1}{2} \tag{3-6}$$

4. 中心

$$m([x])=\frac{\overline{x}+\underline{x}}{2}=\frac{a_2+a_1}{2} \tag{3-7}$$

5. $|A|$數值

$$|A|=|\,[a_1,a_2]|=\max.(|a_1|,\,|a_2|)=\begin{cases}|a_1|, |a_1|\geq|a_2|\\|a_2|, |a_1|\leq|a_2|\end{cases} \tag{3-8}$$

6. A^- 數值

$$A^- = [a_1, a_2]^- = [-a_1, -a_2] \tag{3-9}$$

7. A^{-1} 數值

$$A^{-1} = [a_1, a_2]^{-1} = [\frac{1}{a_2}, \frac{1}{a_1}]\text{，其中 } 0 \notin [a_1, a_2] \tag{3-10}$$

接著再定義兩個及兩個以上區間包含關係。

1. 存在兩個區間 A 及 B，兩者的包含關係為

   當 $A \subset B$ 時

$$[a_1, a_2] \subset [b_1, b_2] \tag{3-11}$$

   當 $B \supset A$ 時

$$[b_1, b_2] \supset [a_1, a_2] \tag{3-12}$$

   其中：$A = [a_1, a_2]$，$B = [b_1, b_2]$，並且 $b_1 < a_1 < a_2 < b_2$。

2. 存在兩個以上的區間 $A = [a_1, a_2]$，$B = [b_1, b_2]$，…，$L = [l_1, l_2]$，$M = [m_1, m_2]$ 時，包含關係為

$$[a_1, a_2] \subset [b_1, b_2] \subset \cdots \subset [l_1, l_2] \subset [m_1, m_2] \tag{3-13}$$

此時$m_1 < l_1 < \cdots < b_1 < a_1 < a_2 < b_2 < \cdots < l_2 < m_2$。

由以上的說明中，可以得知如果$a_1 = b_1$，$a_2 = b_2$，則稱區間$A = [a_1, a_2]$及$B = [b_1, b_2]$等價，並以$A = B$加以表示。

例 3-1 有一個區間$A = [3, 5]$，根據以上的公式

$w(A) = w[3, 5] = 5 - 3 = 2$

$|A| = |[3, 5]| = \max.(|3|, |5|) = 5$

$A^- = [3, 5]^- = [-5, -3]$

$A^{-1} = [3, 5]^{-1} = [\frac{1}{5}, \frac{1}{3}]$，其中$0 \notin [3, 5]$

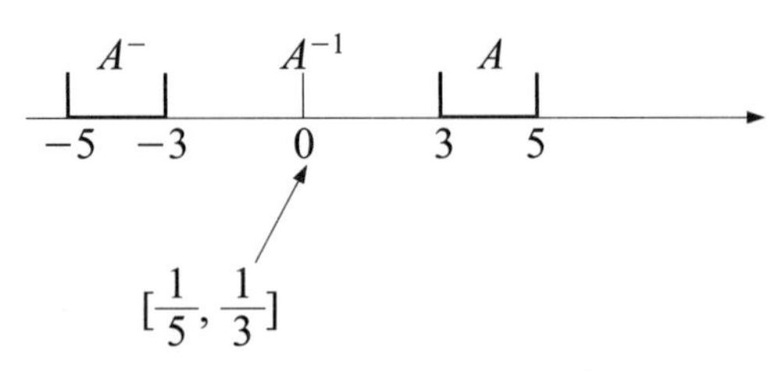

圖 3-2．區間數A，A^-及A^{-1}

例 3-2 有兩個區間$A = [1, 2]$，$B = [-1, 4]$，並且$-1 < 1 < 2 < 4$。根據（3-11）式及（3-12）式：$[1, 2] \subset [-1, 4]$，亦即區間A包含於區間B中。

3.2 區間的運算

在實數$I(R)$集合中，存在兩個區間$A = [\underline{a}, \overline{a}] = [a_1, a_2]$及$B = [\underline{b}, \overline{b}]$

$= [b_1, b_2]$，而在本節中主要是定義區間的四則運算方式。

1. 加法

$$A + B = [a_1, a_2] + [b_1, b_2] = [a_1 + b_1,\ a_2 + b_2]$$
$$= [\underline{a} + \underline{b}\ ,\ \overline{a} + \overline{b}] \qquad (3\text{-}13)$$

2. 減法

$$A - B = [a_1, a_2] - [b_1, b_2] = [a_1 - b_2,\ a_2 - b_1]$$
$$= [\underline{a} - \overline{b}, \overline{a} - \underline{b}] \qquad (3\text{-}14)$$
$$\because A - B = A + B^{-} = [a_1, a_2] + [b_1, b_2]^{-} = [a_1, a_2] + [-b_2, -b_1]$$
$$= [a_1 - b_2, a_2 - b_1]$$

3. 乘法

$$A \cdot B = AB = [a_1, a_2] - [b_1, b_2]$$
$$= [\min.(a_1b_1,\ a_1b_2,\ a_2b_1,\ a_2b_2),\ \max.(a_1b_1,\ a_1b_2,\ a_2b_1,\ a_2b_2)]$$
$$= [\min.(\underline{a}\underline{b}\ ,\ \underline{a}\overline{b},\ \overline{a}\underline{b}\ ,\ \overline{a}\overline{b}),\ \max.(\underline{a}\underline{b}\ ,\ \underline{a}\overline{b},\ \overline{a}\underline{b}\ ,\ \overline{a}\overline{b})] \qquad (3\text{-}15)$$

4. 除法

$$A{:}B = A / B = \frac{A}{B} = [a_1, a_2] : [b_1, b_2]$$
$$= A \cdot B^{-1} = [a_1, a_2] : [\frac{1}{b_2}, \frac{1}{b_1}]$$

$$=[\min.(\frac{a_1}{b_2},\frac{a_1}{b_1},\frac{a_2}{b_2},\frac{a_2}{b_1}),\max.(\frac{a_1}{b_2},\frac{a_1}{b_1},\frac{a_2}{b_2},\frac{a_2}{b_1})]$$

$$=[\min.(\frac{\underline{a}}{\overline{b}},\frac{\underline{a}}{\underline{b}},\frac{\overline{a}}{\overline{b}},\frac{\overline{a}}{\underline{b}}),\max.(\frac{\underline{a}}{\overline{b}},\frac{\underline{a}}{\underline{b}},\frac{\overline{a}}{\overline{b}},\frac{\overline{a}}{\underline{b}})] \quad (3\text{-}16)$$

其中 $0 \notin [b_1, b_2]$

經由以上的定義，可以得到兩個有趣的結果。

1. $A+A^- = [a_1, a_2] + [-a_2, -a_1] = [-(a_2-a_1), (a_2-a_1)] \neq 0$

亦即在 $0 \in A+A^-$，並且在 $A+A^-$ 的端點下，存在著對稱的 0。

2. $A \cdot A^- = [a_1, a_2] \cdot [\frac{1}{a_2}, \frac{1}{a_1}] \neq 1$，其中：$1 \in A \cdot A^-$

如果此時 $a=[a,a]$，則 $a^-=[-a,-a]=-a$，$a^{-1}=[\frac{1}{a},\frac{1}{a}]=\frac{1}{a}$。

因此 $a+(-a)=0$ 及 $a \cdot a^{-1}=1$。

對於區間的運算而言，是比一般的實數運算較為複雜，因為一般的實數運算為區間的運算的特例，我們可以由以下的例題得到驗證。

例 3-3 有兩個區間 $A=[1,2]$ 及 $B=[4,6]$

則 $A+B=[a_1,a_2]+[b_1,b_2]=[a_1+b_1, a_2+b_2]$

$=[1,2]+[4,6]=[5,8]$

$A-B=[a_1,a_2]-[b_1,b_2]=[a_1-b_2, a_2-b_1]$

$=[1,2]-[4,6]=[-5,-2]$

$A \cdot B=AB=[a_1,a_2]-[b_1,b_2]$

$=[\min.(a_1b_1,a_1b_2,a_2b_1,a_2b_2),\max.(a_1b_1,a_1b_2,a_2b_1,a_2b_2)]$

$=[1,2]:[4,6]=[\min.(4,6,8,12),\max.(4,6,8,12)]$

$=[4,12]$

$$A{:}B = A/B = \frac{A}{B} = [a_1, a_2] : [b_1, b_2] = A \cdot B^{-1}$$

$$= [a_1, a_2] \cdot [\frac{1}{b_2}, \frac{1}{b_1}]$$

$$= [1, 2] : [4, 6] = [1, 2] \cdot [\frac{1}{6}, \frac{1}{4}] = [\frac{1}{6}, \frac{1}{2}]$$

$$A^{-1} = [a_1, a_2]^{-1} = [\frac{1}{a_2}, \frac{1}{a_1}] = [1, 2]^{-1} = [\frac{1}{2}, \frac{1}{1}] = [\frac{1}{2}, 1]$$

$$B^{-1} = [4, 6]^{-1} = [\frac{1}{6}, \frac{1}{4}]$$

以上的結果，相信可以很容易的加以瞭解。以下將相關的性質加以整理。

$$A + B = B + A \quad (3\text{-}17)$$

$$(A + B) + C = A + (B + C) \quad (3\text{-}18)$$

$$AB = BA \quad (3\text{-}19)$$

$$(AB)C = A(BC) \quad (3\text{-}20)$$

$$A = A + 0 = 0 + A \quad (3\text{-}21)$$

$$A = A \cdot 1 = 1 \cdot A \quad (3\text{-}22)$$

$$a(B + C) = aB + aC \quad (3\text{-}23)$$

其中：$0 = [0, 0]$，$1 = [1, 1]$，$a = [a, a]$。

例 3-4 有三個區間 $A = [1, 2]$，$B = [1, 2]$及 $C = [-2, -1]$

則 $A(B + C) = [1, 2]([1, 2] + [-2, -1]) = [1, 2][-1, 1]$

$$= [\min.(-1, 1, -2, 2), \max.(-1, 1, -2, 2)] = [-2, 2]$$

$$AB+AC=[1, 2][1, 2]+[1, 2][-2, -1])$$
$$=[1, 4]+ [-4, -1]= [-3, 3]$$

在以上的例題中，會發現$A(B+C) \neq AB+AC$，亦即分配律不一定成立，（在$A=[1,2]$，$B=[3,4]$及$C=[7,9]$時，分配率成立）。因此擴大此一性質為『包含關係』。

$$A(B+C) \subseteq AB+AC \tag{3-24}$$

例 3-5 有三個區間$A=[1, 2]$，$B= [-1, 1]$及$C=[3, 5]$

則$A(B+C)=[1, 2]([-1, 1]+[3, 5])=[1, 2][2, 6]=[2, 12]$

$AB+AC=[1,2][-1,1]+[1,2][3,5]= [-2,2][3,10]= [-1,12]$

計算的結果顯示$A(B+C) \subseteq AB+AC$。

同樣的，在$A \subset B$及$C \subset D$的前提條件下，以下的性質均成立。

$$A+C \subset B+D \tag{3-25}$$

$$A-C \subset B-D \tag{3-26}$$

$$AC \subset BD \tag{3-27}$$

$$A/C \subset B/D \quad 0 \notin C,D \tag{3-28}$$

3.3 區間的距離

在實數空間中區間 $A=[a_1, a_2]$ 與 $B=[b_1, b_2]$，定義兩個區間的距離為

$$d(A,B)=\max.(|a_1-b_1|, |a_2-b_2|) \quad (3\text{-}29)$$

如果 $A=[a,a]$，$B=[b,b]$，則方程式（3-29）會轉化成

$$d(A,B)=d([a,a],[b,b])=\max.(|a-b|,|a-b|)=|a-b| \quad (3\text{-}30)$$

由方程式（3-29）可以得到以下兩個性質

$$d(A,B)=d(B,A) \quad (3\text{-}31)$$

$$d(A,B)=0 \quad \Rightarrow \quad A=B \quad (3\text{-}32)$$

例 3-6 有兩個區間 $A=[1,6]$，$B=[3,7]$，根據方程式（3-29）得到

$$d(A,B)=\max.(|a_1-b_1|, |a_2-b_2|)=\max.(|1-3|, |6-7|)$$
$$=\max.(2,1)=2。$$

3.4 多級區間數

本節主要說明二級區間數，n 級區間數及無限級區間數，並由無限級區間數導出模糊數的觀念，做為模糊粗糙集與粗糙集模糊的基礎。

3.4.1 二級區間數

如果存在一不確定值 x，並且存在一區間 $[a_1, a_2]$，此時可以將此一不確定值定義在區間數 $A = [a_1, a_2]$ 之中，而此一不確定數值 x 可以為 $[a_1, a_2]$ 之間的任意點。但是在現實的情形中，觀察者或者專家們所要求的數值並不是精確的，因此必須有數學的根據，使得區間 $A = [a_1, a_2]$ 的計算數值可以被相信的。在本節中，將區間 $[a_1, a_2]$ 分成兩個（$[a_1, a]$ 及 $[a, a_2]$）不同的區域，利用分級（class）的觀念，分成 α_1, α_2 的等級（$0 \le \alpha_1 < \alpha_2$），定義二級區間數的數學計算模式。

二級區間數的數學模式為

$$A_{\alpha_1\alpha_2} = [a_1, a]_{\alpha_1} \cup [a, a_2]_{\alpha_2} \tag{3-33}$$

$$A_{\alpha_2\alpha_1} = [a_1, a]_{\alpha_2} \cup [a, a_2]_{\alpha_1} \tag{3-34}$$

請參閱圖 3-3，就可以很容易瞭解（3-33）式及（3-34）式的意義。

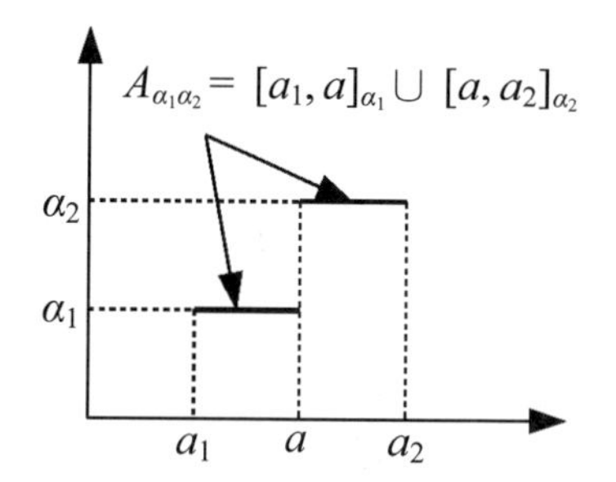

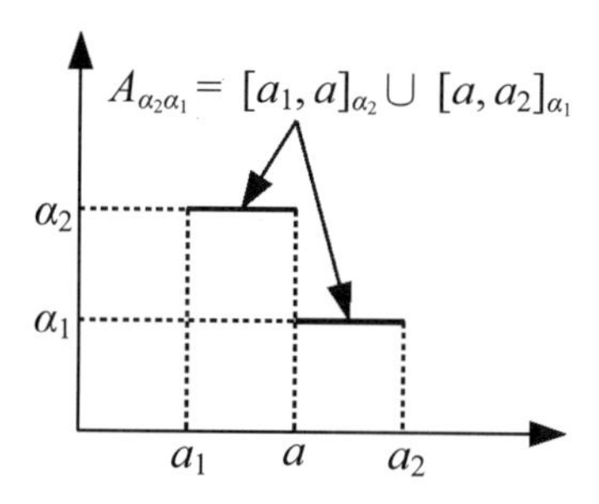

圖 3-3・二級區間數的計算準則

為了說明二級區間運算的方法，以 $A = [a_1, a_2]$ 表示區間，以 $B = [b_1, b_2]$ 表示 B 區間。二個區間均有兩個數值，圖 3-4 中為了四種運算的情形及結果。

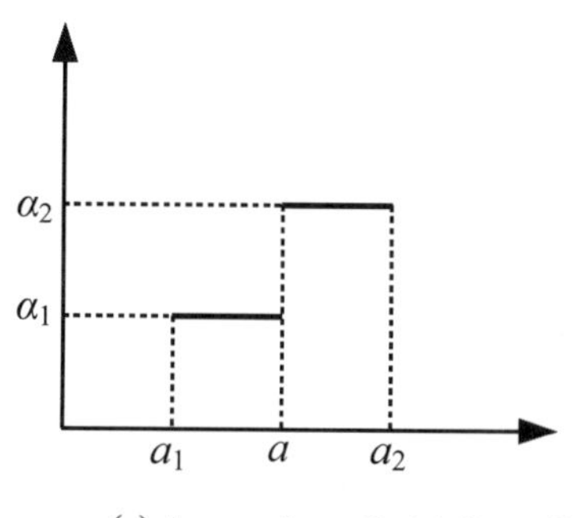

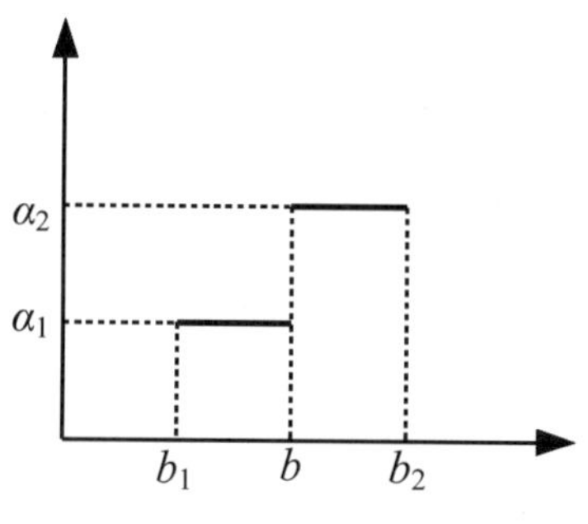

(a)$A_{\alpha_1\alpha_2} = [a_1, a]_{\alpha_1} \cup [a, a_2]_{\alpha_2}$ 及 $B_{\alpha_2\alpha_1} = [b_1, b]_{\alpha_1} \cup [b, b_2]_{\alpha_2}$

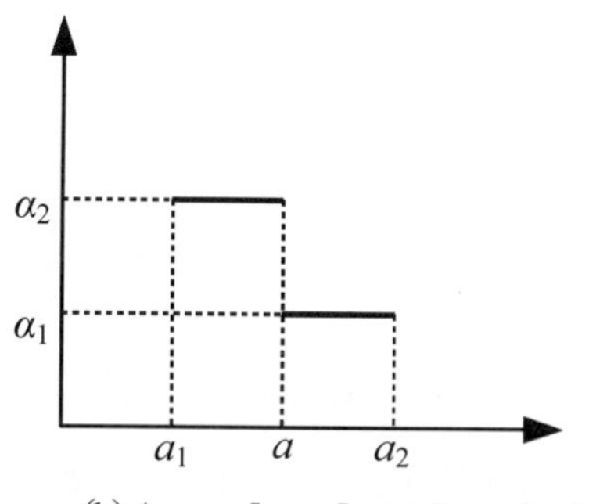

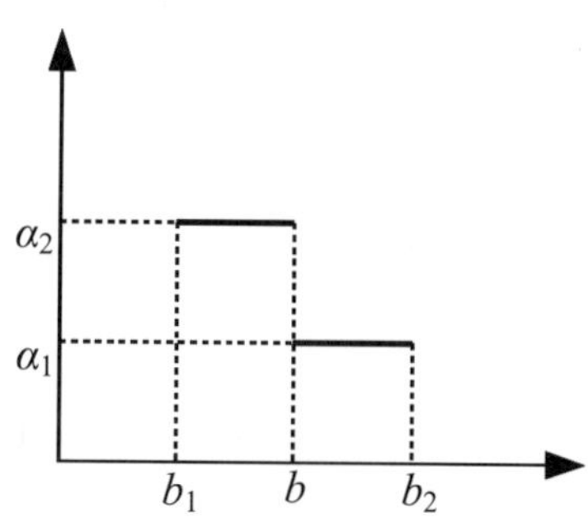

(b)$A_{\alpha_2\alpha_1} = [a_1, a]_{\alpha_2} \cup [a, a_2]_{\alpha_1}$ 及 $B_{\alpha_2\alpha_1} = [b_1, b]_{\alpha_2} \cup [b, b_2]_{\alpha_1}$

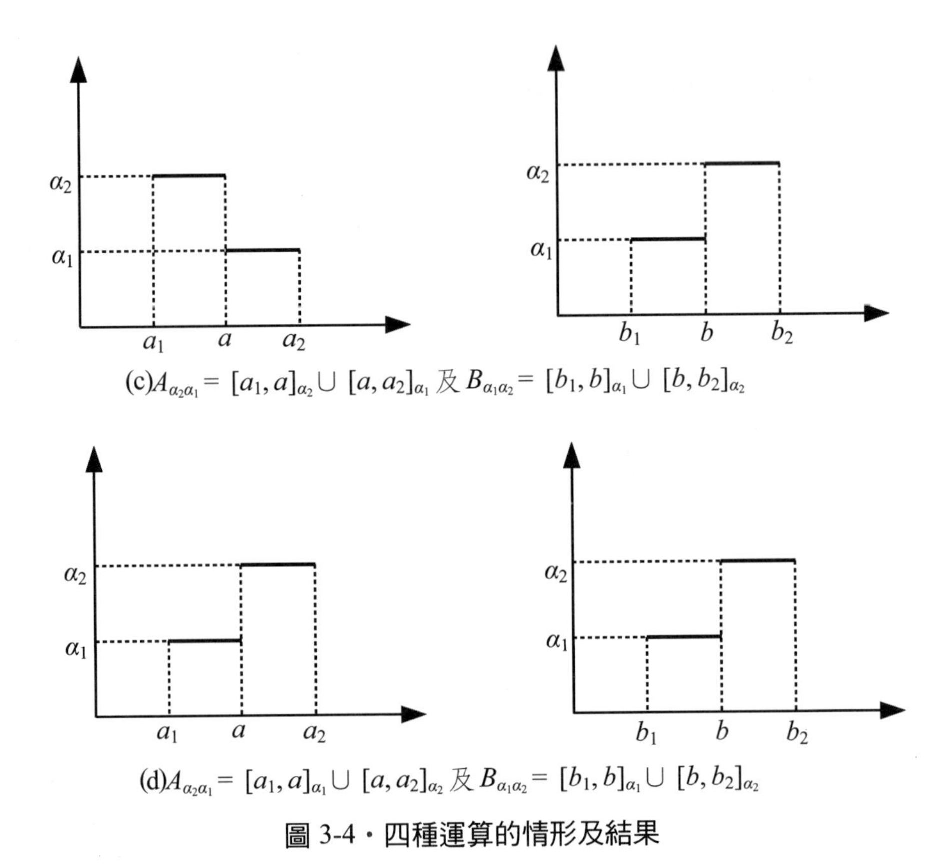

(c)$A_{\alpha_2\alpha_1}=[a_1,a]_{\alpha_2}\cup[a,a_2]_{\alpha_1}$ 及 $B_{\alpha_1\alpha_2}=[b_1,b]_{\alpha_1}\cup[b,b_2]_{\alpha_2}$

(d)$A_{\alpha_2\alpha_1}=[a_1,a]_{\alpha_1}\cup[a,a_2]_{\alpha_2}$ 及 $B_{\alpha_1\alpha_2}=[b_1,b]_{\alpha_1}\cup[b,b_2]_{\alpha_2}$

圖 3-4‧四種運算的情形及結果

1. 加法

$$A_{\alpha_1\alpha_2}+B_{\alpha_1\alpha_2}=[a_1+b_1,a+b]_{\alpha_1}\cup[a+b,a_2+b_2]_{\alpha_2} \qquad (3\text{-}35)$$

證明：

$$\begin{aligned}A_{\alpha_1\alpha_2}+B_{\alpha_1\alpha_2}&=([a_1,a_2]_{\alpha_1}\cup[a,a_2]_{\varepsilon_1})+([b_1,b_2]_{\alpha_1}\cup[b,b_2]_{\varepsilon_2})\\&=([a_1,a_2]_{\alpha_1}+[a,a_2]_{\varepsilon_1})\cup([b_1,b_2]_{\alpha_1}+[b,b_2]_{\varepsilon_2})\end{aligned}$$

$$= [a_1+b_1, a+b]_{\alpha_1} \cup [a+b, a_2+b_2]_{\alpha_2}$$

$$A_{\alpha_2\alpha_1}+B_{\alpha_2\alpha_1} = [a_1+b_1, a+b]_{\alpha_2} \cup [a+b, a_2+b_2]_{\alpha_1} \quad (3\text{-}36)$$

（請讀者自行證明）

2. 乘法

$$A_{\alpha_1\alpha_2}B_{\alpha_1\alpha_2} = [a_1b_1, ab]_{\alpha_1} \cup [ab, a_2b_2]_{\alpha_2} \quad (3\text{-}37)$$

$$A_{\alpha_2\alpha_1}B_{\alpha_2\alpha_1} = [a_1b_1, ab]_{\alpha_2} \cup [ab, a_2b_2]_{\alpha_1} \quad (3\text{-}38)$$

例 3-7 給定 $A_{\alpha_1\alpha_2}=[1, 3]_{\alpha_1}\cup[3, 6]_{\alpha_2}$ 及 $B_{\alpha_1\alpha_2}=[2, 4]_{\alpha_1}\cup[4, 9]_{\alpha_2}$

解：根據（3-35）式

$$A_{\alpha_1\alpha_2}+B_{\alpha_1\alpha_2} = [a_1+b_1, a+b]_{\alpha_1} \cup [a+b, a_2+b_2]_{\alpha_2}$$

$$=([1, 3]_{\alpha_1}\cup[3, 6]_{\alpha_2})+([2, 4]_{\alpha_1}\cup[4, 9]_{\alpha_2})$$

$$=[1+2, 3+4]_{\alpha_1}\cup[3+4, 6+9]_{\alpha_2}=[3, 7]_{\alpha_1}\cup[7, 15]_{\alpha_2}$$

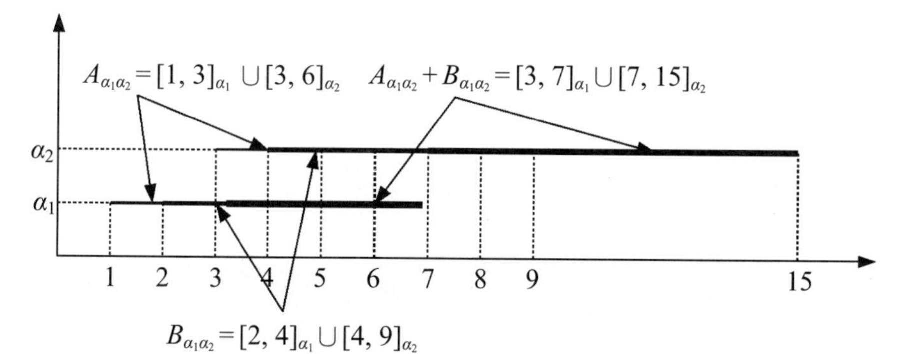

圖 3-5・$A_{\alpha_1\alpha_2}+B_{\alpha_1\alpha_2} = [a_1+b_1, a+b]_{\alpha_1} \cup [a+b, a_2+b_2]_{\alpha_2}$ 之結果

例 3-8 給定 $A_{\alpha_2\alpha_1}=[1, 2]_{\alpha_2}\cup[2, 3]_{\alpha_1}$ 及 $B_{\alpha_2\alpha_1}=[0, 5, 3]_{\alpha_2}\cup[3, 5]_{\alpha_1}$

解：根據（3-38）式

$$A_{\alpha_2\alpha_1}B_{\alpha_2\alpha_1}=[a_1b_1, ab]_{\alpha_2}\cup[ab, a_2b_2]_{\alpha_1}$$
$$=([1, 2]_{\alpha_2}\cup[2, 3]_{\alpha_1})([0.5, 3]_{\alpha_2}\cup[3, 5]_{\alpha_1})$$
$$=[1(0.5), 2(3)]_{\alpha_2}\cup[2(3), 3(5)]_{\alpha_1}=[0.5, 6]_{\alpha_2}\cup[6, 15]_{\alpha_1}$$

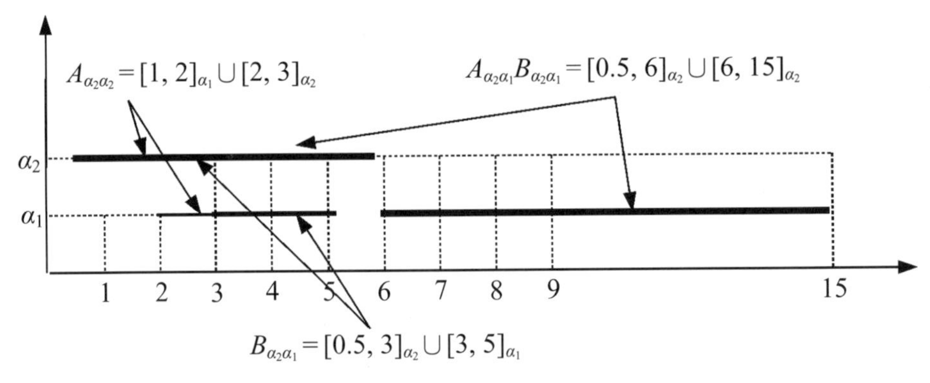

圖 3-6・$A_{\alpha_2\alpha_1}B_{\alpha_2\alpha_1}=[a_1b_1, ab]_{\alpha_2}\cup[ab, a_2b_2]_{\alpha_1}$ 之結果

二級區間的一般化為區間數 A 可以分成三個部分以上，為了方便瞭解起見，本節中使用幾何方式加以表示。

1. 當 $a_1<a^{(1)}<a^{(2)}<a_2$ 時，亦即 $A=[a_1, a^{(1)}]\cup[a^{(1)}, a^{(2)}]\cup[a^{(2)}, a_2]$，此時可以得到凸二級區間及凹二級區間。

$$A_{\alpha_1\alpha_2\alpha_1}=[a_1, a^{(1)}]_{\alpha_1}\cup[a^{(1)}, a^{(2)}]_{\alpha_2}\cup[a^{(2)}, a_2]_{\alpha_1} \quad (3\text{-}38)$$

$$A_{\alpha_2\alpha_1\alpha_2}=[a_1, a^{(1)}]_{\alpha_2}\cup[a^{(1)}, a^{(2)}]_{\alpha_1}\cup[a^{(2)}, a_2]_{\alpha_2} \quad (3\text{-}39)$$

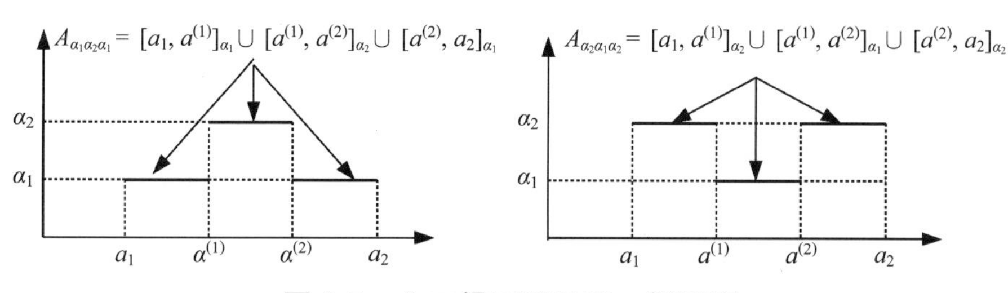

圖 3-7．凸二級區間及凹二級區間

2. 當 $a_1 < a^{(1)} < a^{(2)} < a^{(3)} < a_2$ 時，

亦即 $A = [a_1, a^{(1)}] \cup [a^{(1)}, a^{(2)}] \cup [a^{(2)}, a^{(3)}] \cup [a^{(3)}, a_2]$，此時可以得到凹凸二級區間。

$$A_{\alpha_1\alpha_2\alpha_1\alpha_2} = [a_1, a^{(1)}]_{\alpha_1} \cup [a^{(1)}, a^{(2)}]_{\alpha_2} \cup [a^{(2)}, a^{(3)}]_{\alpha_2} \cup [a^{(3)}, a_2]_{\alpha_1} \quad (3\text{-}40)$$

$$A_{\alpha_2\alpha_1\alpha_2\alpha_1} = [a_1, a^{(1)}]_{\alpha_2} \cup [a^{(1)}, a^{(2)}]_{\alpha_1} \cup [a^{(2)}, a^{(3)}]_{\alpha_2} \cup [a^{(3)}, a_2]_{\alpha_1} \quad (3\text{-}41)$$

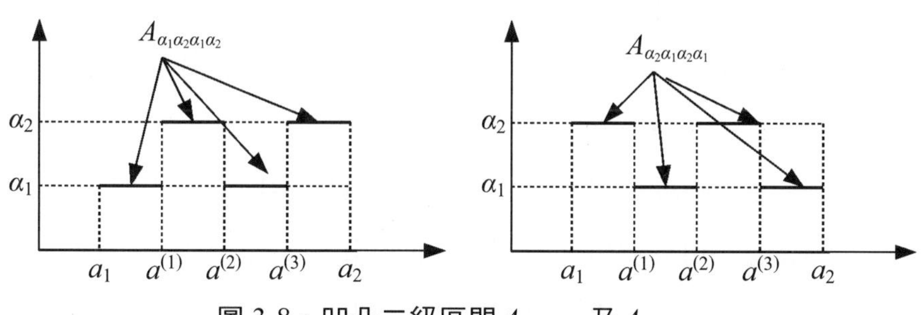

圖 3-8．凹凸二級區間 $A_{\alpha_1\alpha_2\alpha_1\alpha_2}$ 及 $A_{\alpha_2\alpha_1\alpha_2\alpha_1}$

3.4.2 n級區間數

將前節中的二級區間加以擴張成n級區間$\alpha_1, \alpha_2, \cdots, \alpha_n$，$(0<\alpha_1<\alpha_2<\cdots<\alpha_n)$，很容易就可以瞭解計算的方式。此時$A=[a_1, a_2]$的區間就可以分割成$a_1<a^{(1)}<a^{(2)}<\cdots<a^{(n-1)}<a_2$的狀態，寫成$[a_1, a^{(1)}], [a^{(1)}, a^{(2)}], \cdots, [a^{(n-1)}, a_2]$的型式。根據（3-40）式及（3-41）式的基礎，n級區間數的定義如（3-42）所示。

$$A_{\{\beta_1\beta_2,\cdots,\beta_n\}}=[a_1, a^{(1)}]_{\beta_1}\cup[a^{(1)}, a^{(2)}]_{\beta_2}\cup\cdots\cup[a^{(n-1)}, a_2]_{\beta_n} \tag{3-42}$$

其中$\{\beta_1, \beta_2, \cdots, \beta_n\}$為根據分級$\{\alpha_1, \alpha_2, \cdots, \alpha_n\}$的數目所成的組合，此一組合之大小為$n$！。

例 3-9 $\{\beta_1, \beta_2, \beta_3\}$有 $3!=3\times2\times1=6$ 種組合，$\alpha_1\alpha_2\alpha_3, \alpha_1\alpha_3\alpha_2, \alpha_2\alpha_1\alpha_3, \alpha_2\alpha_3\alpha_1, \alpha_3\alpha_1\alpha_2, \alpha_3\alpha_2\alpha_1$。利用（3-42）式展開，可以得到$A_{\{\beta_1\beta_2\beta_3\}}=[a_1, a^{(1)}]_{\beta_1}\cup[a^{(1)}, a^{(2)}]_{\beta_2}\cup[a^{(2)}, a_2]_{\beta_3}$，代入組合的種類：

$A_{\alpha_1\alpha_2\alpha_3}=[a_1, a^{(1)}]_{\alpha_1}\cup[a^{(1)}, a^{(2)}]_{\alpha_2}\cup[a^{(2)}, a_2]_{\alpha_3}$

$A_{\alpha_1\alpha_3\alpha_2}=[a_1, a^{(1)}]_{\alpha_1}\cup[a^{(1)}, a^{(2)}]_{\alpha_3}\cup[a^{(2)}, a_2]_{\alpha_2}$

$A_{\alpha_2\alpha_1\alpha_3}=[a_1, a^{(1)}]_{\alpha_2}\cup[a^{(1)}, a^{(2)}]_{\alpha_1}\cup[a^{(2)}, a_2]_{\alpha_3}$

$A_{\alpha_2\alpha_3\alpha_1}=[a_1, a^{(1)}]_{\alpha_2}\cup[a^{(1)}, a^{(2)}]_{\alpha_3}\cup[a^{(2)}, a_2]_{\alpha_1}$

$A_{\alpha_3\alpha_1\alpha_2}=[a_1, a^{(1)}]_{\alpha_3}\cup[a^{(1)}, a^{(2)}]_{\alpha_1}\cup[a^{(2)}, a_2]_{\alpha_2}$

$A_{\alpha_3\alpha_2\alpha_1}=[a_1, a^{(1)}]_{\alpha_3}\cup[a^{(1)}, a^{(2)}]_{\alpha_2}\cup[a^{(2)}, a_2]_{\alpha_1}$

由例題 3-9 可以得知，一般的n級區間數和二級區間數是相同的概念，只是二級區間數的擴充罷了。如同前面章節的說明，如果有$m>n$的點存在時（$a_1<a^{(1)}<a^{(2)}<\cdots<a^{(m-1)}<a_2$），就可以分割成$[a_1, a^{(1)}], [a^{(1)}, a^{(2)}], \cdots, [a^{(n-1)}, a_2]$的部分區間，此時每一個區間均稱為同等值級，並且使用$L[\alpha_i], \alpha_i, i=1, 2, 3, \cdots, n$表示。

例 3-10 6 級區間（$n=6, m=11$）的部分區間圖如圖 3-9 所示，此時區間數為：

$$A=[a_1, a^{(1)}]_{\alpha_1}\cup[a^{(1)}, a^{(2)}]_{\alpha_2}\cup\cdots\cup[a^{(9)}, a^{(10)}]_{\alpha_2}\cup[a^{(10)}, a_2]_{\alpha_1}$$

部分區間為：$L[\alpha_i], (i=1, 2, \cdots, 6)$：因此

$$L[\alpha_1]=[a_1, a^{(1)}]_{\alpha_1}\cup[a^{(10)}, a_1]_{\alpha_1}$$

$$L[\alpha_2]=[a^{(1)}, a^{(2)}]_{\alpha_2}\cup[a^{(9)}, a^{(10)}]_{\alpha_2}$$

$$L[\alpha_3]=[a^{(2)}, a^{(3)}]_{\alpha_3}\cup[a^{(8)}, a^{(9)}]_{\alpha_3}$$

$$L[\alpha_4]=[a^{(3)}, a^{(4)}]_{\alpha_4}\cup[a^{(7)}, a^{(8)}]_{\alpha_4}$$

$$L[\alpha_5]=[a^{(4)}, a^{(5)}]_{\alpha_5}\cup[a^{(6)}, a^{(7)}]_{\alpha_5}$$

$$L[\alpha_6]=[a^{(5)}, a^{(6)}]_{\alpha_6}$$

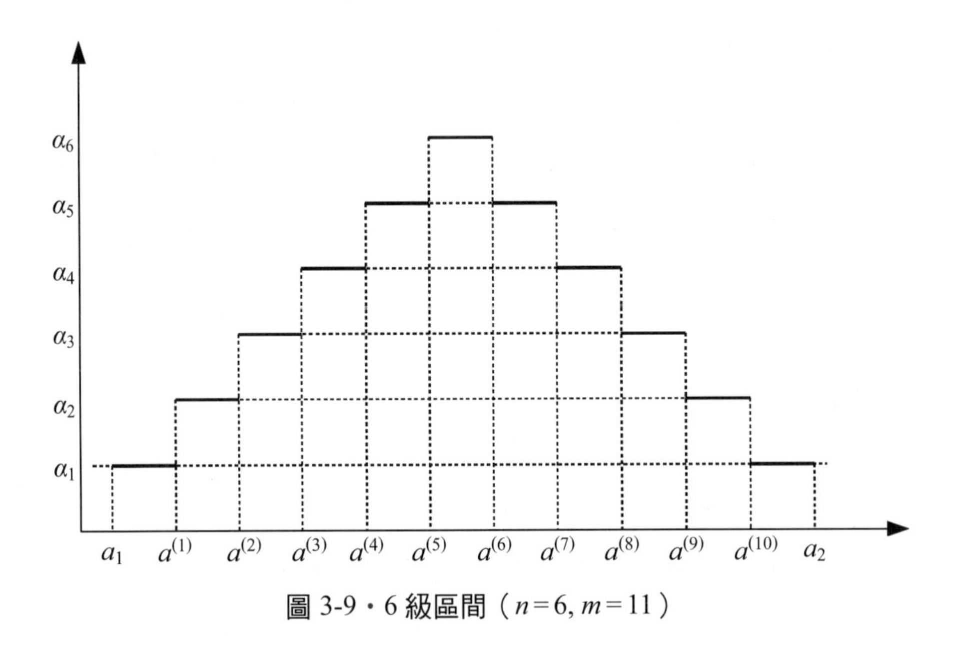

圖 3-9．6 級區間（$n=6, m=11$）

3.4.3　無限級區間數

圖 3-10 為 $m=2n-1$ 的 n 級區間數，讀者可以由上一節中的六級區間數推廣而得。此時 $A=[a^{(0)}, a^{(m)}]$, $a^{(0)}=a_1$, $a^{(m)}=a_2$，而分割成 $m=2n-1$ 個部分區間 $[a^{(s)}, a^{(s+1)}]$，$s=0, 1, 2, \cdots, m-1$，每個區間可以等寬也可以不等寬。在分割後的區域中，中央區間 $[a^{(n-1)}, a^{(n)}]$ 的級值（$\alpha_n=\alpha_f$）為最大，此區間又稱為中心級區間數。再由例題 3-10 中的說明，α_i, $i=1, 2, \cdots, n-1$ 的分級中，部分區間為 $L^1_{\alpha_i}=[a^{(i-1)}, a^{(i)}]_{\alpha_i}$ 及 $L^r_{\alpha_i}=[a^{(n+i+1)}, a^{(n+i+2)}]_{\alpha_i}$，在此處如果增加 1 個新的區間 $L^1_{\alpha_i}\sim L^r_{\alpha_i}$

$$C_{\alpha_i}=[a^{(i-1)}, a^{(n+i+2)}]_{\alpha_i}, i=1, 2, 3, \cdots, n-1 \qquad (3\text{-}43)$$

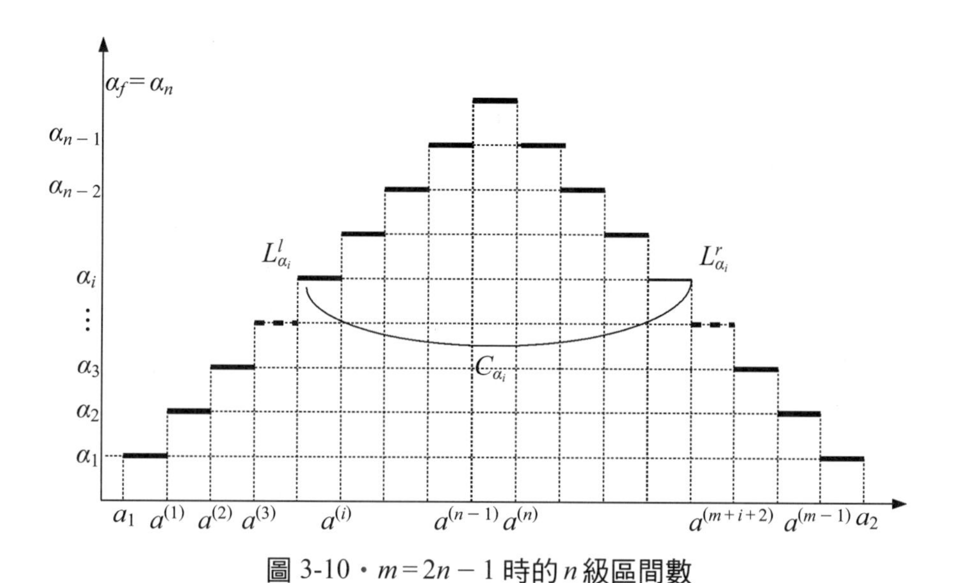

圖 3-10．$m = 2n - 1$ 時的 n 級區間數

而此一新的區間新集合稱為 α_i-cut 集合。

如果將級數無限的增加，亦即 $n \to \infty$，各區間的寬度 $[a^{(s)}, a^{(s+1)}]$ 會變小，而成為 $L^1_{\alpha_i} \to 0$，及 $L^r_{\alpha_i} \to 0$ 的情形，此時此一區間數，會轉化成一個連續單調的函數

$$\alpha = F(x) \tag{3-44}$$

此一函數的最大值為 1（$(\max. F(x)) = 1$，請參閱圖 3-11），區間 $A = [a_1, a_2] = [\alpha_1^{(0)}, \alpha_2^{(0)}]$，值域為 $[0, 1]$。（3-44）式為無限級區間數，也說明了經過 α-cut 的動作後（$\alpha \in [0, 1]$），可以得到任意 α 級的區間數 $A_\alpha = [a^{(l)}, a^{(r)}]_\alpha$。

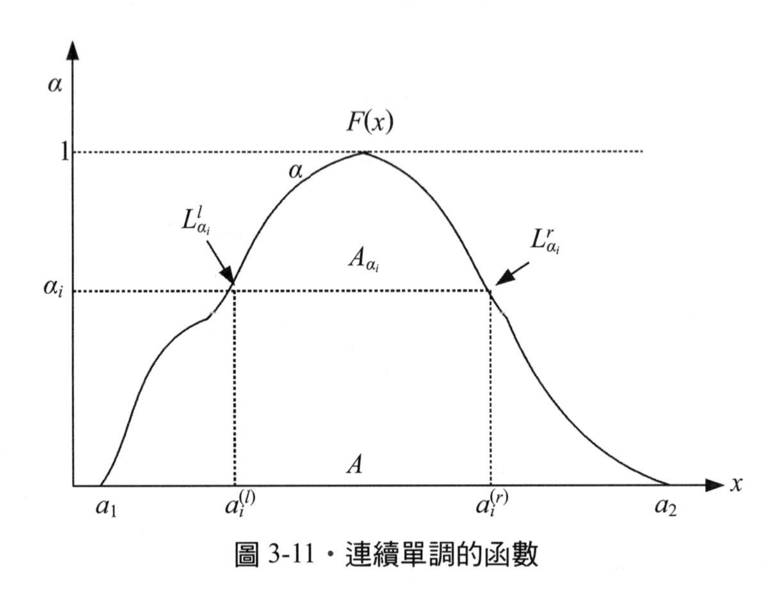

圖 3-11・連續單調的函數

3.4.4 具有極大值的模糊數

所謂的模糊數就是數值的模糊集合，例如『7』這個數值，在模糊理論中以『$\underset{\sim}{7}$』表示，以方便與原來數值做比較，請參閱圖 3-12。

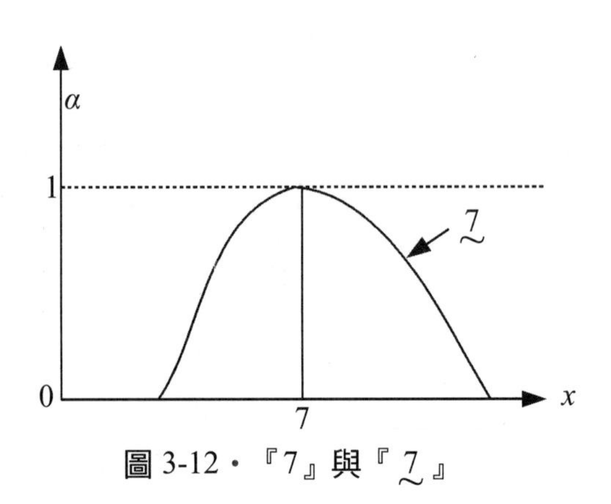

圖 3-12・『7』與『$\underset{\sim}{7}$』

根據前面章節之介紹，連續函數$\alpha = F_A(x),\ a_1 \le x \le a_2$，其中$F_A(a_1) = F_A(a_2) = 0$，當$x$等於$a_M$時有極大值＝1，並且$F_A(x) \in [0, 1]$。

$$\alpha = F_A(x) = \begin{cases} F^l_A(x) & a_1 \le x \le a_M \\ F^r_A(x) & a_M \le x \le x_2 \end{cases} \qquad (3\text{-}45)$$

由區間的概念中$A = [a_1, a_2] \subset R$，如果$\alpha = F_A(x)$不是一個平滑的函數則$F^l_A(x)$或$F^r_A(x)$為一個一次方程式之型態，或者可以是高次的方程式。此時模糊數A的歸屬函數可以寫成（3-46）式的形式

$$\text{模糊數} A \equiv F_A(x) \qquad (3\text{-}46)$$

亦即模糊數A和歸屬函數$F_A(x)$為恆等的。

接著說明α_i-cut 的區間集合：

$$\{A_\alpha = [a_1^{(\alpha)}, a_2^{(\alpha)}]_\alpha \quad \alpha \in [0, 1] \qquad (3\text{-}47)$$

（3-47）式的端點$(a_1^{(\alpha)}, \alpha)$與$(a_2^{(\alpha)}, \alpha)$歸屬函數，因此

$$\alpha = \begin{cases} F^l_A(a_1^{(\alpha)}) & a_1 \le a_1^{(\alpha)} \le a_M \\ F^r_A(a_2^{(\alpha)}) & a_M \le a_2^{(\alpha)} \le a_2 \end{cases} \qquad (3\text{-}48)$$

讀者可以參閱圖 3-13 即可明白。

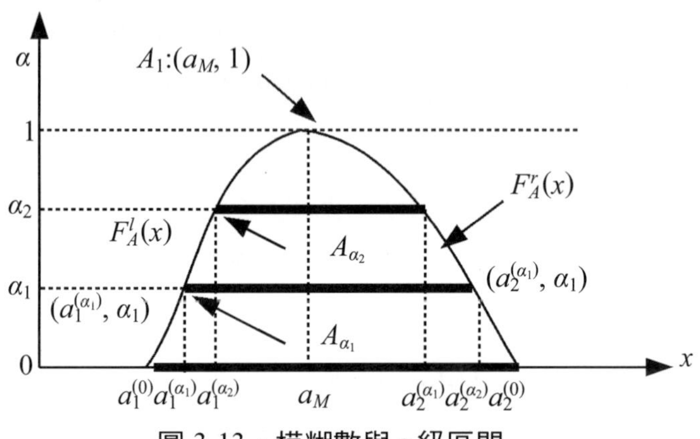

圖 3-13・模糊數與 α 級區間

對於 α 級區間而言，以圖 3-14 為例：可以分成 A_0，A_{α_1}，A_{α_2} 及 $A_{\alpha=1}$ 四個區間，具有以下之性質。

(1)A_0：$\alpha=0$，表示模糊數為 0，此時 $A=A_0$（稱為歸屬度）

(2)A_{α_1} 為 α_1 及 A_{α_2} 為 α_2 時，模糊數在 A_{α_1} $[a_1^{(\alpha_1)}, a_2^{(\alpha_1)}]$及 A_{α_2} $[a_1^{(\alpha_2)}, a_2^{(\alpha_2)}]$ 的區間內，歸屬度分別為 α_1 及 α_2。

(3)當 $\alpha=1$ 時，模糊數為一點。（$\because A_1=A_{\alpha=1}=[a_1^{(1)}, a_2^{(1)}]$, $a_1^{(1)}=a_2^{(1)}=a_M$）

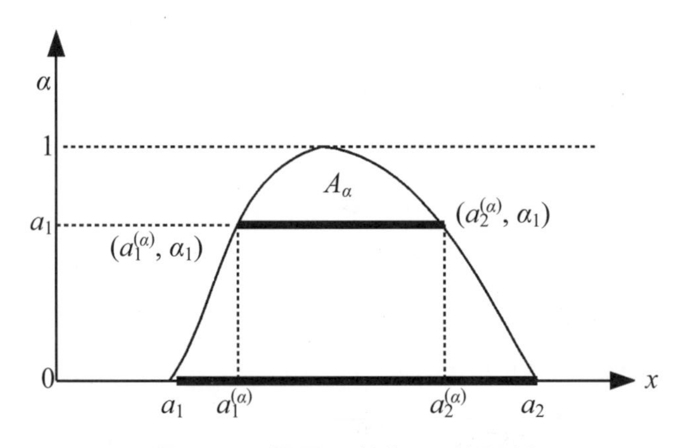

圖 3-14・歸屬函數與 A_α 的關係

此時如果滿足 $0<\alpha_1<\alpha_2<\cdots<\alpha_s<\cdots<1$ 的條件，則以下的關係式會成立。

$$A_0 \supset p(A_{\alpha_1}) = [a_1^{(\alpha)}, a_2^{(\alpha)}] \supset p(A_{\alpha_2}) \supset \cdots \supset p(A_{\alpha_s}) \supset \cdots \supset p(A_1) = A_M \quad (3\text{-}49)$$

從（3-49）式中，得知歸屬度 α 式從 0 到 1 做變化，而變化的大小則會相對的使區間 $A_\alpha[a_1, a_2]$ 的大小產生變化。此一變化可以觀察區間的座標點 $(a_1^{(\alpha)}, \alpha)$ 及 $(a_2^{(\alpha)}, \alpha)$ 及而得知。

$$x=\begin{cases} x^l = a_1^{(\alpha)} = (F_A^l)^{-1}(\alpha) & a_1 \le x \le a_M \\ x^r = a_2^{(\alpha)} = (F_A^r)^{-1}(\alpha) & a_M \le x \le a_2 \end{cases} \quad (3\text{-}50)$$

接著觀察（3-50）式，直接代入計算就可以得到 A_α 的端點 $a_1^{(\alpha)}$ 及 $a_2^{(\alpha)}$ 的數值。問題是 $\alpha=F_A(x)$ 的函數不一定是簡單的方程式型態。如果是簡單的方程式型態，那麼 $a_1^{(\alpha)}$ 及 $a_2^{(\alpha)}$ 的數值就很應的可以求出，如果不是的話，則必須經由複雜的計算才可以得 $a_1^{(\alpha)}$ 及 $a_2^{(\alpha)}$ 及的數值。所幸的是一般的 $\alpha=F_A(x)$ 都是主觀給定的，因此方程式不會很難，只要滿足凸函數的型態即可。

例 3-11 根據圖 3-13，決定下列模糊數的歸屬函值

$$\alpha = F_A(x) = -x^2 + 4x - 3 \quad \alpha \in [0, 1]$$

解：此一方程式的區間為 $A_0=[1, 3]$。以任意集合 $\alpha \in [0, 1]$，確定區間

$A_\alpha=[\alpha_1^{(\alpha)},\alpha_2^{(\alpha)}]$。由一般的表示方式得到：

$A_\alpha=[\alpha_1^{(\alpha)},\alpha_2^{(\alpha)}]=[2-\sqrt{4-(\alpha+3)},2+\sqrt{4-(\alpha+3)}]_\alpha \quad \alpha\in[0,1]$

此時以 $\alpha=0.5$（α-cut 值）代入，可以得到

$A_{0.5}=[\alpha_1^{(0.5)},\alpha_2^{(0.5)}]=[2-\sqrt{0.5},2-\sqrt{0.5}]_{0.5}$

因此，可以得到歸屬函數為：$\alpha=F_A(x)=\begin{cases}0 & x\le 1\\ -x^2+4x-3 & 1\le x\le 3\\ 0 & x\ge 3\end{cases}$

或者：$\alpha=F_A(x)=-x^2+4x-3 \quad 1\le x\le 3$

其中，前者的範圍為 $\alpha\in[0,1]$，後者的範圍為 $x\in[1,3]$。

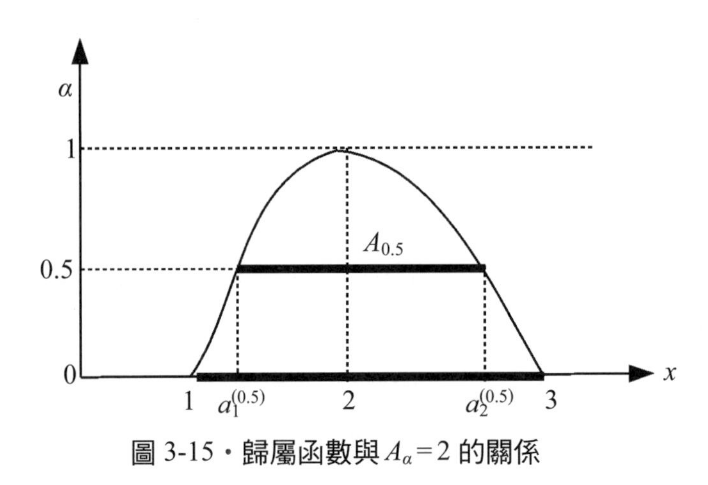

圖 3-15．歸屬函數與 $A_\alpha=2$ 的關係

3.5 α-cut 及分解定理

Crisp 集合為{0, 1}的二值化概念，而模糊集合的基本概念乃是將{0, 1}的二值化轉化成函數之概念，導入歸屬函數之領域。而從方法論

角度上看，任何模糊數學的問題都可以轉化為普通集合論的問題加以處理，此一溝通的橋樑即為分解定理與擴張原理。而分解定理有時稱為- α-cut，以下的章節中會加以說明及介紹。

3.5.1 界限（level）集合與分解定理

存在一模糊數 A，稱為集合 X 中的模糊集合。此時引入一數 $\alpha \in [0, 1]$，利用 α 數值對 X 集合做分割，並且以下式表示

$$\{x : \mu_A(x) \geq a, x \in X\} \qquad (3\text{-}51)$$

此時稱此一方式為 A 的 α-level 集合（α-level set），或者稱為 α-cut。在圖 3-16 中，A_α 為 Crisp 集合，而 A_0 則表示 X 集合。

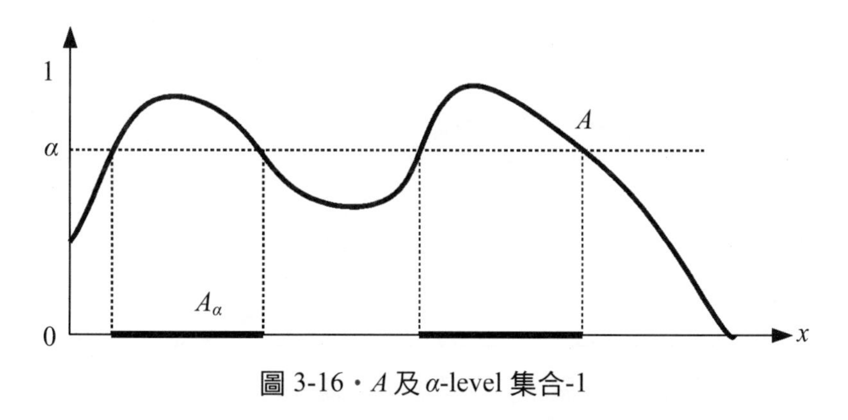

圖 3-16・A 及 α-level 集合-1

例 3-12 假設 $A=\{\frac{0.2}{x_1},\frac{0.5}{x_2},\frac{0.8}{x_3},\frac{0.1}{x_4},\frac{1}{x_5},\frac{0.3}{x_6}\}$，則

0.1-level 集合：$A_{0.1}=\{x_1, x_2, x_3, x_4, x_5, x_6\}$

0.2-level 集合：$A_{0.2}=\{x_1, x_2, x_3, x_5, x_6\}$

0.3-level 集合：$A_{0.3}=\{x_2, x_3, x_5, x_6\}$

0.4-level 集合：$A_{0.4}=\{x_2, x_3, x_5\}$（$\mu_A(x)=0.4$ 實際上不存在）。

0.8-level 集合：$A_{0.8}=\{x_3, x_5\}$

1.0-level 集合：$A_{1.0}=\{x_5\}$

由以上的例題中，可以得到 α-level 集合的包含性質（請參閱圖 3-17）。

$$\alpha_1 \leq \alpha_2 \Rightarrow A_{\alpha_1} \supseteq A_{\alpha_2} \tag{3-52}$$

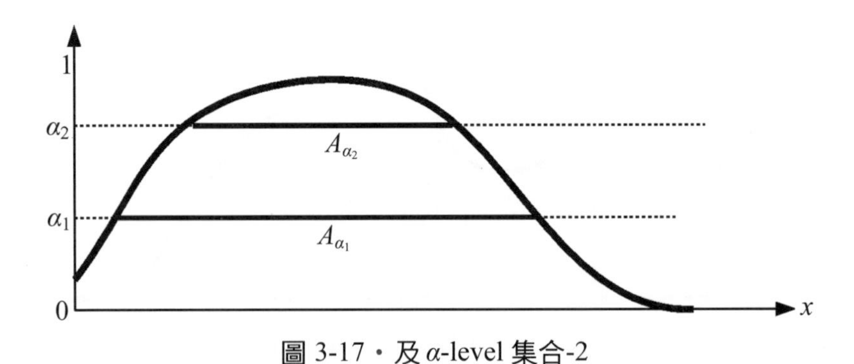

圖 3-17 · 及 α-level 集合-2

例 3-13　在例 3-12 中，$A_{1.0} \subseteq A_{0.8} \subseteq A_{0.5} \subseteq A_{0.3} \subseteq A_{0.2} \subseteq A_{0.1}$

在 Fuzzy 集合 A 中 α-level 集合 A_α 是為 Crisp 集合，此時 A_α 的各個因素的群集可以用 α 數值加以分解，並且表示為

$$\mu_{\alpha A_\alpha}(x) = \begin{cases} \alpha & (x \in A_\alpha) \\ 0 & (x \notin A_\alpha) \end{cases} \tag{3-53}$$

此時稱為 A 為的 α-level 模糊集合（α-level fuzzy set），並且以 αA_α 加以表示（請參閱圖 3-18）。

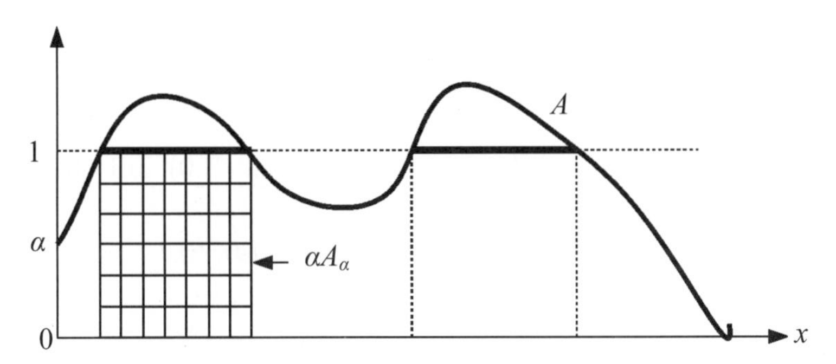

圖 3-18・A 及 α-level 集合-3

例 3-14　相同於例 3-12，A 的 α-level 模糊集合可以表示為

$$0.1A_{0.1} = \{\frac{0.1}{x_1}, \frac{0.1}{x_2}, \frac{0.1}{x_3}, \frac{0.1}{x_4}, \frac{0.1}{x_5}, \frac{0.1}{x_6}\}$$

$$0.2A_{0.2} = \{\frac{0.2}{x_1}, \frac{0.2}{x_2}, \frac{0.2}{x_3}, \frac{0.2}{x_5}, \frac{0.2}{x_6}\}$$

$$0.3A_{0.3} = \{\frac{0.3}{x_2}, \frac{0.3}{x_3}, \frac{0.3}{x_5}, \frac{0.3}{x_6}\}$$

$$0.5A_{0.5} = \{\frac{0.5}{x_2}, \frac{0.5}{x_3}, \frac{0.5}{x_5}\}$$

$$0.8A_{0.8}=\{\frac{0.8}{x_3},\frac{0.8}{x_5}\}$$

$$0.1A_{1.0}=\{\frac{1.0}{x_5}\}$$

其中：$\underset{\alpha\in[0,1]}{\cup}\alpha A_\alpha$ 為歸屬函數，$\underset{\alpha\in[0,1]}{\vee}\mu_{\alpha A_\alpha}(x)$ 稱為模糊集合。

例 3-15 例 3-14 的 α-level 模糊集合的聯集可以表示為

$$\begin{aligned}\underset{\alpha\in[0,1]}{\cup}\alpha A_\alpha &=(0.1A_{0.1})\cup(0.2A_{0.2})\cup(0.3A_{0.3})\cup(0.5A_{0.5})\cup(0.8A_{0.8})\\ &\quad\cup(0.1A_{1.0})\\ &=\{\frac{(0.1\vee 0.2)}{x_1},\frac{(0.1\vee 0.2\vee 0.3\vee 0.5)}{x_2},\\ &\quad\frac{(0.1\vee 0.2\vee 0.3\vee 0.5\vee 0.8)}{x_3},\\ &\quad\frac{(0.1\vee 0.2\vee 0.3\vee 0.5\vee 0.8\vee 1.0)}{x_5},\frac{(0.1\vee 0.2\vee 0.3)}{x_6}\}\\ &=\{\frac{0.2}{x_1},\frac{0.5}{x_2},\frac{0.8}{x_3},\frac{0.1}{x_4},\frac{1.0}{x_5},\frac{0.3}{x_6}\}\end{aligned}$$

在例題 3-15 中，$\underset{\alpha\in[0,1]}{\cup}\alpha A_\alpha=A$ 的方式導出分解定理（decomposition theorem）（請參閱圖 3-19）。

$$A\equiv\underset{\sim}{A}=\underset{\alpha\in[0,1]}{\cup}\alpha A_\alpha \tag{3-54}$$

（3-54）式即稱為分解定理。並且使用歸屬函數加以表示

$$\mu A_A(x) = \underset{i}{\vee} (\alpha_i \cdot C_{A_{\alpha_i}}(x)) = \begin{cases} \alpha_i & x \in A_{\alpha_i} \\ 0 & x \notin A_{\alpha_i} \end{cases} \quad (3\text{-}55)$$

此一定理為模糊集合中非常重要的定理。

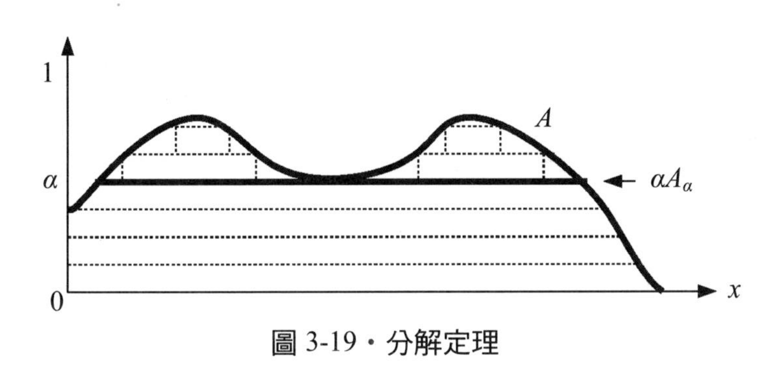

圖 3-19．分解定理

3.5.2　擴張原理

在本章中，將擴張定理做一簡單的整理。

如果存在$f: X \rightarrow Y$，則$\tilde{f}: \underset{\sim}{A} \rightarrow f(\underset{\sim}{A}) = \underset{\sim}{B}$，其中$\tilde{f}$為$f$的擴張。

例 3-16　存在一模糊集合 $\underset{\sim}{A} = \frac{1}{1} + \frac{1}{2} + \frac{0.8}{3} + \frac{0.5}{4} + \frac{0.2}{5}$，如果經由 $f(x) = x^2$ 的映射，擴張為$f(\underset{\sim}{A}) = \frac{1}{1^2} + \frac{1}{2^2} + \frac{0.8}{3^2} + \frac{0.5}{4^2} + \frac{0.2}{5^2}$

第 4 章

粗糙集的數學模型

1 知識資訊系統與決策表
2 離散化方法
3 知識約簡和數據的依賴性
4 知識資訊系統與決策表的公式化

基於邊界域的思想，Z. Pawlak 提出了粗糙集的新概念，成為粗糙集理論的奠基人。粗糙集理論認為，人類智能的重要表現形式之一就是分類；分類也是推理，學習及決策中的關鍵。各種分類模式可能對具體世界的對象按照不同屬性取值；這種分類的結果，形成對具體世界在認識上的一種抽象概念，這就是眾所皆知的知識。同類稱為等價關係；在粗糙集理論中，這種在某些特定的屬性子集合上，具有相同的資訊而無法分辨的數據對象所形成的集合，被稱為不可分辨等價類。為此，不可分辨等價關係就成為粗糙集理論中非常重要的基礎。

根據粗糙集理論的想法，概念就是對象的集合，概念的族集合就是分類。分類就是 U 上的知識，分類的族集合就是知識庫，或者說，知識庫就是分類方法的集合。因此，在第二章的主要是討論如何將粗糙集理論具體地應用到工學等領域的問題。在本章我們說明應用粗糙集理論的數學模型，如何適用於數據表知識表達系統的方法。

4.1 知識資訊系統與決策表

根據第一章及第二章的說明，一個近似空間或知識庫

$$K=(U,R) \tag{4-1}$$

是一個關係系統或者說是二元組；其中 $U\neq\phi$；若分類屬性 R 可定義集合是論域 $U=\{x_1, x_2, \cdots, x_n\}$ 的子集合，它可以在知識庫 K 中被精確

地定義，而 R 不可定義集合則不能在這個知識庫 K 中被定義。

當存在一等價關係 $R \in ind\ (K)$，並且另一個分類屬性集合 $X \subseteq U$ 為 R 精確集，則集合 X 稱為 K 中的精確集；當對任何 $R \in ind\ (K)$，但 X 為 R 粗糙集時，則 X 稱為 K 中的粗糙集。

在本章中首先定義粗糙集的一些名詞，並接著說明相關的數學。

1. 資訊系統（information system, IS）

   定義為：

   $$IS = (U, X)$$

   其中，$U = \{x_1, x_2, \cdots, x_n\}$ 稱為全集合（a finite set of objects）

   $X = \{a_1, a_2, \cdots, a_m\}$ 則稱為屬性集（attributes set）。

2. 資訊函數（information function）

   定義為：

   $$f_a : U \times X \rightarrow V_a \quad (4\text{-}2)$$

   其中 V_a 為在屬性 a 的出現值的集合，亦稱為屬性 a 的值域（domain）。簡單地說，就是 f_a 代表將 U 中的物元 x_i 在屬性 a 的對應值。

4.1.1 知識資訊系統

如以上的說明，知識的資訊系統 IS 這個概念做為智能資訊處處領域的一個具有形式化定義和明確語義的專門名詞，出現於 Z. Pawlak 所提出的粗糙集理論中。形式上，一個知識資訊系統（也稱為資訊表，或稱為知識表，決定表決策表等等）是四元組；可以表示為：

$$S=(U,R,V,f)=<U,R,V_r,f_r>_{r\in R} \tag{4-3}$$

其中(1) U：論域，為對象（事例）的非空有限集合，寫成 $U=\{x_1, x_2, \cdots, x_n\}$

(2) R：屬性的非空有限集合，寫成 $R=\{R_1, R_2, \cdots, R_m\}$

(3) $V=\bigcup_{r\in R} V_r$，V_r 是表示屬性 r 的值域，亦即屬性 r 的值範圍，寫成 $V=\{V_1, V_2, \cdots, V_m\}$，其中 V_i 是屬性 R_i 的值域

(4) $f: U\times X\to V$ 是一個資訊函數，它指定 U 中的每一個對象 x 的屬性，亦即對 $\forall x\in U, r\in R$，有 $f(x,r)\in V_r$。

通常 $S=(U,R,V,f)$ 也可以簡記為 $S=(U,R)$。在知識資訊系統中，要處理的對象可能是使用數據表達的，也可能是只是使用語言方式加以描述；可能是很精確的數據，或者是不很精確的數據，甚至是一些模糊數值或者是有疑問的資訊。這些數據都是必須經過 AI 工作人員的處理後才能使用，所以，我們可以稱它們為智能數據。

從 $S=(U,R,V,f)$ 中，因為我們可以根據任意屬性或屬性集合對論域 U 進行劃分，尋找 R 上任意屬性或屬性集合都可以看成 U 上的一個等價關係。而屬性集合 R 的所有等價類集合則稱作基本知識，相對應的等價類稱為基本概念，f 指定 U 裏面的每個對象的屬性。

這個意思就是說：AI 工作人員經常將這個近似空間表示為二維型式的數據庫。如表 4.1 就是醫療診斷系統部分數據表格的實例；此一

表格就是一個近似空間，也是一個常見的資訊系統的例子。此外，在專家系統，機器學習，模式識別，感性工學分析、設計，股票數據分析及粗糙控制等，都能提供一條嶄新的途徑。

粗糙集理論的知識形成思想可以概括如下：每一種類別對應於每一個概念。所謂類別的定義一般表示為外延型集合，而概念則以如規則描述狀態的內涵形式加以表示。此時由概念組成知識；如果某些知識中含有不精確，那麼這知識就不精確了。粗糙集理論就是針對這不精確概念的描述方法，利用下近似集和上近似集的概念加以表達的一個新興數學方法。因此，知識表在智能數據處理中占有十分重要的地位。

例 4.1 由表 4-1 的醫療診斷系統部分數據表格，利用第二章的定義與公式將不可分辨集合，下近似集合，上近似集合，正域，負域及邊界域等整理做為複習。

表 4-1・醫療診斷系統部分數據表格

U \ R	頭痛 a_1	流鼻水 a_2	體溫 a_3	感冒 d
x_1	是	是	正常	否
x_2	是	是	高	是
x_3	是	是	很高	是
x_4	否	是	正常	否
x_5	否	否	高	否
x_6	否	是	很高	是

解：從表 4.1 醫療診斷系統部分數據的表格，可以得到許多的知識。

$U=\{x_1, x_2, x_3, x_4, x_5, x_6\}$

$U/$頭痛$=\{(x_1, x_2, x_3\}, \{x_4, x_5, x_6\}\}=\{$是，否$\}$

$U/$流鼻水$=\{\{x_1, x_2, x_3, x_4, x_6\}, \{x_5\}\}=\{$是，否$\}$

$U/$體溫$=\{\{x_1, x_4\}, \{x_2, x_5\}, \{x_3, x_6\}\}=\{$正常，高，很高$\}$

$U/$頭痛和流鼻水$=\{\{x_1, x_2, x_3\}, \{x_4, x_6\}, \{x_5\}\}$

$=\{$頭痛又流鼻水，不頭痛卻流鼻水，不頭痛也不流鼻水$\}$

$\{X_1, X_2\}=U/$感冒$=\{\{x_1, x_4, x_5\}, \{x_2, x_3, x_6\}\}=\{$否，是$\}$

$f(x_4,$ 感冒$)=$「否」，$f(x_5,$ 體溫$)=$「很高」

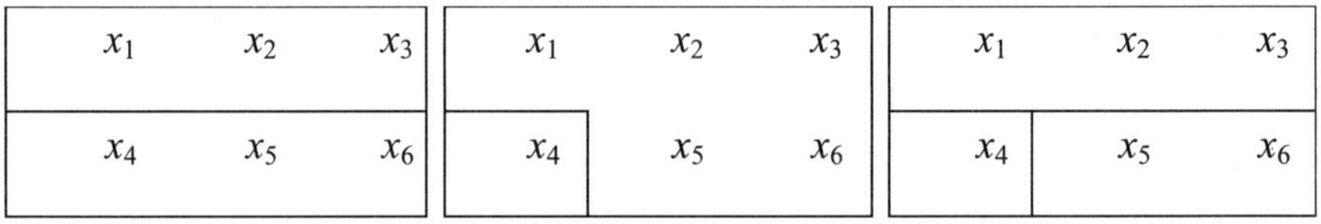

x_1 x_2 x_3
x_4 x_5 x_6
$ind\,(P=$頭痛$)$

x_1 x_2 x_3
x_4 x_5 x_6
$ind\,(P=$流鼻水$)$

x_1 x_2 x_3
x_4 x_5 x_6
$ind\,(P=$頭痛和流鼻水$)$

圖 4-1・等價畫分的示意圖

如果另一個集合 $Y=\{x_2, x_3, x_5\}$是個 R 的粗糙集，那麼

$U/ind\,(R)=\{\{x_1, x_2, x_3\}, \{x_4, x_6\}, \{x_5\}\}$，

令 $R_1=\{x_1, x_2, x_3\}$，$R_2=\{x_4, x_6\}$，$R_3=\{x_5\}$，則

$Y\cap R_1=\{x_2, x_3\}\neq\phi$；$Y\cap R_2=\phi$；$Y\cap R_3=R_3=\{x_5\}\neq\phi$

得到(1) 上近似集：$\overline{R}(Y)=R_1\cup R_3=\{x_1, x_2, x_3, x_5\}$

(2) 下近似集：$\underline{R}(Y)=R_3=\{x_5\}$

(3) 正域：$pos_R(Y)=\underline{R}(Y)=\{x_5\}$

(4) 負域：$neg_R=\overline{R}(Y)-\underline{R}(Y)=\{x_1, x_2, x_3\}$

(5) 邊界域：$bn_R(Y) = R_1 = \{x_1, x_2, x_3\}$

$$\alpha_R = \frac{card(\underline{R}(Y))}{card(\overline{R}(Y))} = \frac{1}{4}，d(\underline{R}(Y), \overline{R}(Y)) = 1 - \alpha(Y) = \frac{3}{4}$$

4.1.2 決策表

如果屬性集合 R 可以進一步分解為條件屬性集合 C 和決策（結果）屬性集合 D，並且滿足

$$R = C \cup D, C \cap D = \phi, D \neq \phi \qquad (4\text{-}4)$$

時，該知識資訊系統 IS 也可稱為決策系統 DS 或決策表，表 4.2 為決策表的例子。

表 4-2・粗糙集決策表

對象（Unit） \ 分類（Record）	條件屬性（Condition Attributes）	決策屬性（Decision Attributes）
	$C_1 \cdots C_k$	$D_1 \cdots D_n$
1	$v_{c_1}^1 \cdots v_{c_n}^1$	$v_{d_1}^1 \cdots v_{d_n}^1$
$\vdots$	$\vdots \ \ddots \ \vdots$	$\vdots \ \ddots \ \vdots$
N	$v_{c_1}^N \cdots v_{c_n}^N$	$v_{d_1}^N \cdots v_{d_n}^N$

若決策表的決策屬性集合只包含一個屬性，這樣的決策表稱為單一決策，兩個屬性以上則是多決策的。多決策處理工作時，可以利用

以下的兩種適用方法將其轉換成單一決策處理工作。

方法 1：若決策表 $S=(U,R,V,f)=(U,C\cup D,V,f)$, $D=\{d_1, d_2, \cdots, d_m\}$，則可將此決策表分解成 m 個不同的單一決策表

$$S_i=(U, C\cup\{d_i\}, V, f), i=1, 2, 3, \cdots, m$$

方法 2：若決策表 $S=(U,R,V,f)=(U,C\cup D,V,f)$, $D=\{d_1, d_2, \cdots, d_m\}$，則可構造一個新的決策表

$$S'_i=(U, C\cup\{d\}, V', f')$$

其中對於任意 $x,y\in U$，存在 $d(x)=d(y)$，若且為若 $\bigwedge_{i=1}^{m} d_i(x)=d_i(y)$。

如果假設 $S=(U,R\cup\{d\})$，令集合 V_d 表示決策屬性 D 的值域，也不失一般性。又假設 $V_d=\{1, 2, \cdots, r(d)\}$，則決策屬性 D 將論域 U 劃分成 $\{Y_1, Y_2, \cdots, Y_{r(d)}\}$。其中，$Y_k=\{x\in U|d(x)=k\}1\le k\le r(d)\}$，$d(x)$ 為決策屬性 D 在對象 x 上的值，集合 Y_k 叫作決策系統 S 的第 k 個決策概念，可知 $S=(U, R\cup\{d\})$ 是一個決策系統。

更詳細地，可以把粗糙集理論的基本想法概括如下：

(1)知識是正比於進行分類的能力；能力越強，則獲得知識的信賴性越高

(2)分類能力會受到分辨能力的影響，所以分類具有近似性

(3)影響分類能力的因素很多。這些因素在資訊系統中被描述為屬性；每個因素不一定都是很重要的，有些可以省略，但是有些因素會起決定性作用

(4)屬性取值的不同，會產生影響分類能力的結果

(5)屬性之間存在某種相關關係

粗糙集方法具有許多的優點，可以歸納以下幾點：

⑴可以從數據中隱藏的模式挖掘出所需要的知識

⑵利用數數據簡，並發現最小數據集合

⑶評估數據的價值，從數據中產生最小決策規劃，適用於各方面的決策

⑷從具有規則的數理結構，容易瞭解所得到的結果，可以得到簡明易懂的解釋。所以，一般所謂根據粗糙集理論進行的知識資訊系統，主要處理步驟和過程如圖 4-2 所示。此一系統大概具有解決下列的基本問題的能力。

①根據屬性值可以表徵對象集合

②發現屬性之間的（完全或部分）相關性

③數據的約簡，規則的約簡

④發現最重要的屬性（稱為核）

⑤生成決策規則

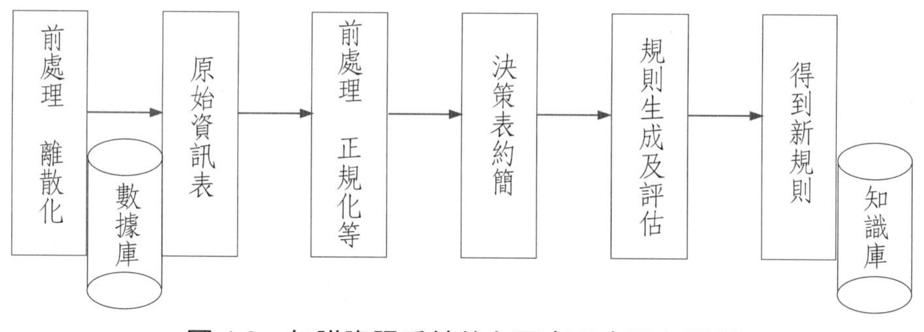

圖 4-2・知識資訊系統的主要處理步驟和過程

例 4.2 用知識表達系統表格表達 7 段顯示器；它的特徵是在如何以 a, b, c, d, e, f, g 七個元素描述 $0, 1, 2, \cdots, 9$ 的數字。

表 4-3・7 段顯示器知識表達系統

U	a	b	c	d	e	f	g
0	1	1	1	1	1	1	0
1	0	1	1	0	0	0	0
2	1	1	0	1	1	0	1
3	1	1	1	1	0	0	1
4	0	1	1	0	0	1	1
5	1	0	1	1	0	1	1
6	1	0	1	1	1	1	1
7	1	1	1	0	0	1	0
8	1	1	1	1	1	1	1
9	1	1	1	1	0	1	1

例 4.3 某一知識表達系統使用表格表達某些動物的特徵，如表 4-4 所示。

表 4-4・某些動物的知識表達系統

動物	形態	顏色	種類	狀態
$A1$	中	黑色	狗	家畜
$A2$	小	褐色	狐	野生
$A3$	中	淡赤	豬	家畜
$A4$	中	棕色	狸	野生
$A5$	小	白色	貓	愛玩
$A6$	大	花樣色	虎	野生

例 4.4 有一個小汽船的知識表達系統，如表 4-5 所示。

表 4-5・一個小汽船的知識表達系統

U 小汽船	a 類型	b 機型	c 顏色	d 速度	e 加速
1	中	柴油	灰	中	差
2	小	汽油	白	高	極好
3	大	柴油	黑	高	好
4	中	汽油	黑	中	極好
5	中	柴油	灰	低	好
6	大	瓦斯	黑	高	好
7	大	汽油	白	高	極好
8	小	汽油	白	低	好

例 4.5 某種精密機械初始備件決策表，如表 4-6 所示。

表 4-6・某種精密機械的初始備件決策表

對象 U ＼ 屬性 R	條件屬性 C				決策屬 D
編號	重要度	MTBF	MTTR	經濟性	初始備件
1	大	長	短	中	是
2	大	中	中	低	是
3	中	長	中	高	否
4	中	中	中	高	否
5	小	中	長	低	否
6	大	長	短	中	是
7	中	短	中	高	是
8	中	中	中	高	否
9	大	長	中	中	是

4.2 離散化方法

在決策問題中，內部資訊的屬性往往是連續的，如果要利用粗糙集加以分析，則必須先轉化成離散的型態，才可以分析，因此如何將連續的屬性離散化，為使用粗糙集的主要前提。

所謂離散化，就是將連續的屬性利用數學方法轉化成離散的型態。在本質上就是利用主觀所選取的斷點，對條件屬性所構成的空間進行劃分，形成有限個區域，使每一各區域中對象的決策值均相同。到目前為止，連續的屬性離散化的方法相當的多，不同的離散化方法會產生不同的結果，但是不管使用何種方法，均必須滿足以下兩種需求。

(1)離散化後的空間維度儘量減少，亦即經由離散化後的每一個屬性應減至最低。

(2)離散化後的屬性損失資訊量減少。

如果把屬性值的定性和定量描述都稱為連續值，則把粗糙集方法中數據這樣的整理方法，也可以叫作離散正規化。因為粗糙集方法一定要將這些連續值的描述轉換為數據庫；從這樣的數據庫中求取有用資訊，從有用資訊中發現知識，從知識中推理決策規則，將這些決策規則再應用於實際的系統上。

雖然離散化的方法有許多種，在本書中僅僅介紹幾種常用的方式以供參考，其他的方法請參閱參考文獻。

4.2.1 等間距離散化（equal interval width）

這是等間距劃分方法。這種方法是將連續屬性值 V，主觀地分成 k 個等間距的區域，數學模式為

$$t=\frac{V_{max.}-V_{min.}}{k} \tag{4-5}$$

其中：$V_{max.}$：連續屬性之最大值。

$V_{min.}$：連續屬性之最小值，亦即屬性值的域為$[V_{max.}, V_{min.}]$。

離散化，就是離散正規化的結果，我們可以得到一個對屬性值的區域如下的劃分：

$$\{[d_0, d_1], [d_1, d_2], \cdots, [d_{k-1}, d_k]\} \tag{4-6}$$

其中$d_0=V_{min.}, d_k=V_{max.}, d_{i-1}<d_i, i=1, 2, 3, \cdots, k$，$i$ 就是離散正規化的代表值，k 就是離散正規化的級（grade）。離散化能夠將屬性的所有連續屬性值離散正規化。

以下我們以兩個例題加以說明。

例 4.6 以某公司肉包銷售量為例，如表 4-7 及圖 4-3 所示。

表 4-7．某公司肉包銷售量（個）

年別	肉包銷售量
2004	45,000
2005	47,000
2006	75,000
2007	100,000
2008	120,000

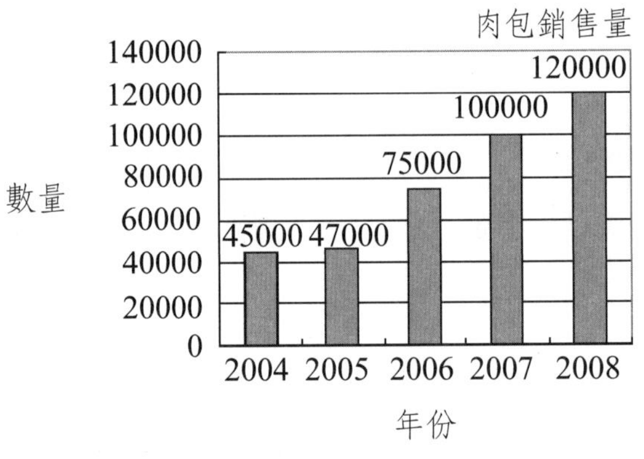

圖 4-3．某公司肉包銷售量

接著以等間距離散化方式得到離散化之數值範圍，如表 4-8 所示。

表 4-8．離散化之數值範圍

離散化之數值範圍	離散化後之數值
30,000～45,000	1
45001～60,000	2
60,001～75,000	3
75,001～90,000	4
90,001～105,000	5
105,001～120,000	6

因此可以得到某公司肉包銷售量的等間距離散化之結果，如表 4-9 所示。

表 4-9・等間距離散化之結果

年度	離散化後之數值
2004	1
2005	2
2006	3
2007	5
2008	6

例 4.7 某醫院子宮頸癌病患之診斷基本資料，在各項分析指標中，年齡為第一項，以等間距離散化之觀念共分成六群：20 歲以下、20 歲至 30 歲、30 歲至 40 歲、40 歲至 50 歲、50 歲至 60 歲及 60 歲以上。

表 4-10・子宮頸癌病患之診斷基本資料表

編號	病歷號	出生日期	年齡（歲）
1	139847	1933/2/28	74
2	646212	1988/7/16	19
3	350164	1979/3/19	28
4	638803	1971/11/15	36
5	005832	1953/6/11	54
6	142306	1968/5/18	39
7	554059	1958/10/20	49
8	647501	1969/9/28	38
9	167144	1960/3/30	46

表 4-11・年齡離散化之數值範圍

離散化之數值範圍	離散化後之數值
20 歲以下	1
20 歲至 30 歲	2
30 歲至 40 歲	3
40 歲至 50 歲	4
50 歲至 60 歲	5
60 歲以上	6

表 4-12・等間距離散化之結果

編號	病歷號	年齡（歲）	離散化
1	139847	74	6
2	646212	19	1
3	350164	28	2
4	638803	36	3
5	005832	54	5
6	142306	39	3
7	554059	49	4
8	647501	38	3
9	167144	46	4

4.2.2 等頻率離散化

等頻率（equal frequency intervals）離散化方法就是將連續性質劃分成 k 個離散區間，使每一個離散區間中的數值相等。假設總數目一共有 I 個數值，離散為 k，則每一個區間中的數值（樣本數）為 I/k。

例 4.8 以某校運動的 1,500 公尺賽跑之成績為例，共 45 人參加，成績分布如圖 4-4 所示。

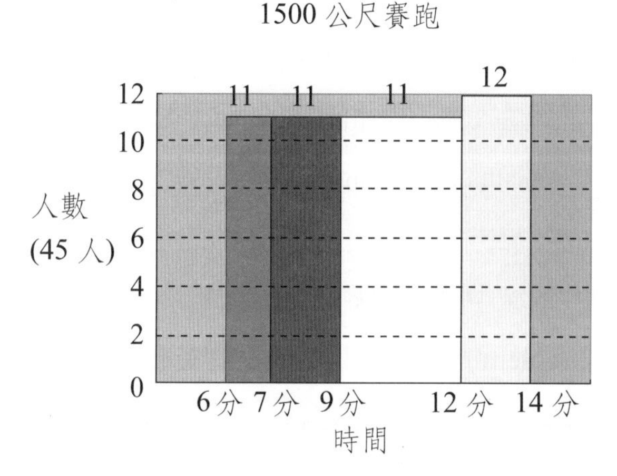

圖 4-4・某校運動的 1,500 公尺賽跑之成績分布

本題以參賽人數為主，有 45 個數值，為了使出現的數值平均，每個區間中的數值為 45/4，成為等頻率之離散化，所以分成四個區域。

等間距離散化和等頻率離散化兩種方法都需要人為的規定劃分的維數，或者需要使用者預先給定一個參數，根據給定的參數將各屬性的值域按等區間或等頻率畫分為幾個離散的區間。在離散化過程中幾乎不考慮訊息系統的屬性值，優點是一次就可以得到所有的斷點值，缺點是由於不考慮系統的內的不可分辨關係，會改變系統內原有的不可分辨關係。

4.2.3 *k*-means 分群法

這種方式主要目標是要在大量高維的資料點中找出具有代表性的資料點，這些資料點可以稱為是群中心（cluster centers）或者稱代表點（prototypes），然後在根據這些群中心，進行後續的處理，所以叫作*k*-means 分群法（*k*-means clustering）。

因為*k*-means 的計算方式簡單且易於瞭解使用的特性，所以廣泛的使用在資料探勘的領域中。在做*k*-means 演算法之前，首先介紹分群問題（clustering problem），分群問題就是假設有 n 個屬於 d 維空間原始資料的點。主要目的是要將原始資料分成 k 個群（k 為一整數），每個群之內的成員彼此相似的程度比其他群的成員還高。

k-means 是由學者 J. B. Mac Queen 於 1967 年所提出，是最早的組群化計算技術。也是解決分群問題很常使用的方法，因為概念容易理解，實作較容易。目的是找出同樣在 d 維空間的點，稱作中心（center），而且要最小化 n 個點（到其各自最近的中心的平方誤差（square error），有時也稱作 *k*-means error。

k-means 分群法是屬於切割式分群法的一種，*k*-means 分群方式在每一回合的形心計算過程中，由於各資料物件都必須算出其最靠近的候選形心，因此在計算上所花的時間成本相當大，與資料集的數量、維度與組群的數目均成正比。因此在處理過程，一個好的屬性挑選機制對於資料處理的結果，不論在品質與效率上都有著非常大的影響。

k-means 分群法需先指定要分成的群數 k，並且 $k \geqq 2$。而每個聚集

會有一個代表它的質心，分群的步驟如下：

首先從資料集合中任意選取 k 個項目做為質心，然後將所有的項目根據和質心間的歐幾里得距離分配給最近的質心，形成相關的聚集。

下一步是計算各聚集之新的質心。接著再將所有的項目分配給最近的剛產生的質心，如此重複直至所有的項目不會再由某一群移到另一群，也就是分群結果趨於穩定（收斂）為止。

因此歸納 k-means 的基本演算法為：

(1)決定要分群的個數 k（人為指定，並且為一固定值）。

(2)用經驗法則或隨機產生 k 個中心

(3)將 n 個點分配至離其最近的中心

(4)每一群將其所屬的點的座標平均，成為該群新的中心座標。

(5)將每一群所屬的點與新的中心座標之距離平方加總，此即為新的 k-means error

(6)重複步驟 3 至某個停止條件為止

此一方法的時間複雜度在第 3 步，因為每一個點都要與 k 個群計算距離，才能找出距離該點最近的群。由於每次都在 d 維空間計算距離，所以需要相當多的時間。至於收斂的時間則端視輸入資料量、停止條件及 k 值的大小，有相當大的差異。

例 4.9 有 50 人參加基本能力測驗，國文、數學及英文的成績如表 4-7 所示，經過 k-means 的方法，可以知道這 50 人當中有哪些族群是高分或者是低分。

表 4-13・基本能力測驗原始成績表

	國文	數學	英文
1	2.82	6.28	36.47
2	34.71	20.64	18.7
3	8.44	6.16	21.9
⋮	……	……	……
50	19.9	7.73	14.3

將各科分數正規化（行），可以把各項的值介於 0 到 1 之間，以做族群分類，如表 4-14 所示。

表 4-14・正規化後之數值

	國文	數學	英文
1	0.0812	0.43	1.0
2	1.0	1.0	0.6
3	0.25	0.42	0.7
⋮	……	……	……
50	0.8	0.5	0.5

接著定義離散化之數值範圍，如表 4-15 所示。

表 4-15・離散化之數值範圍（k=4）

正規化後之數值	離散化後之數值
0～0.3	1
0.31～0.6	2
0.61～0.9	3
0.91～1.0	4

利用表 4-15 的數值範圍代入表 4-14 中，可以轉換成離散的狀態，如表 4-16 所示，此一過程稱即為 *k*-means 方法。

表 4-16．*k*-means 離散化之結果

	國文	數學	英文
1	1	2	4
2	4	4	2
3	1	2	3
⋮	……	……	……
50	3	2	2

根據表 4-16 的結果，可以得知第 4 族群是這個班上的成績優異者。

例 4.10 氣體絕緣放電影響因子之分析

本例為臺灣中部地區氣體絕緣破壞分析，根據氣體絕緣破壞之性質及實際的量測，在影響氣體絕緣破壞電壓的因子中選出四個因子做分析，並確定範圍如表 4-17 所示。

表 4-17．氣體絕緣破壞特徵的大小值

項目	最小	最大
電位梯度（∇V）	0 kV/cm	30 kV/cm
電位梯度對時間上升率 $\left(\frac{d\nabla V}{dt}\right)$	0 kV/(cm·sec)	10 kV/(cm·sec)
大氣壓力（torr）	720	770
相對濕度（%）	65	85

經由實際做三十組實驗，每組實際做 100 次之試驗，再量出其中十組實驗數值下的各個因子值之平均，如表 4-18 所示。

表 4-18・十組氣體絕緣破壞的試驗值

編號	∇V	$\frac{d\nabla V}{dt}$	大氣壓力（torr）	相對濕度（%）
1	22.096	9.049	761.0	78.6
2	24.478	5.678	761.1	81.5
3	22.831	7.415	761.3	82.0
4	22.508	8.739	760.8	82.5
5	22.006	8.987	759.0	81.5
6	22.827	8.501	759.5	82.4
7	22.631	8.761	759.8	79.5
8	22.127	8.850	759.3	78.5
9	22.924	7.675	758.7	78.0
10	22.521	7.682	759.0	77.5

由於各因子之間的差距甚小，因此做數據的平移。因子之平移的準則為∇V：以 22.0 kV/cm 為基準；$\frac{d\nabla V}{dt}$：以 5.0 kV/(cm·sec)為基準；大氣壓力：以 758 torr 為基準；相對濕度：以 75%為基準，得到表 4-19 之結果。

表 4-19．十組氣體絕緣破壞的試驗值平移後之數值

編號	∇V	$\frac{d\nabla V}{dt}$	大氣壓力（torr）	相對濕度（%）
1	0.096	4.049	4.0	4.6
2	1.478	0.678	4.1	6.5
3	0.831	2.415	4.3	7.0
4	0.508	3.739	2.8	7.5
5	0.006	3.987	1.0	6.5
6	0.827	3.501	1.5	7.4
7	0.631	3.761	1.8	4.5
8	0.127	3.850	1.3	4.5
9	0.924	2.675	0.7	4.0
10	0.521	2.682	1.0	4.5

接著將各個因子正規化（行），如表 4-20 所示。然後定義離散化之數值範圍，如表 4-21 所示。

表 4-20．十組氣體絕緣破壞的試驗值之正規化數值

編號	∇V	$\frac{d\nabla V}{dt}$	大氣壓力（torr）	相對濕度（%）
1	0.0650	1.0000	0.9091	0.4800
2	1.0000	0.1674	0.9394	0.8667
3	0.5622	0.5964	1.0000	0.9333
4	0.3437	0.9234	0.8485	1.0000
5	0.0041	0.9847	0.3030	0.8667
6	0.5595	0.8647	0.4545	0.9867
7	0.4269	0.9289	0.5455	0.6000
8	0.0859	0.9509	0.3939	0.6000
9	0.6252	0.6607	0.2121	0.5333
10	0.3525	0.6624	0.3030	0.4667

表 4-21・十組氣體絕緣破壞的試驗值離散化之數值範圍（$k=4$）

正規化後之數值	離散化後之數值
0～0.25	1
0.36～0.50	2
0.51～0.75	3
0.76～1.0	4

利用表 4-21 的數值範圍代入表 4-20 中，可以轉換成離散的狀態，如表 4-22 所示，可以得到十組氣體絕緣破壞的試驗值經 *k*-means 離散化之結果。

表 4-22・十組氣體絕緣破壞的試驗值經 *k*-means 離散化之結果

編號	∇V	$\frac{d\nabla V}{dt}$	大氣壓力（torr）	相對濕度（%）
1	1	4	4	2
2	4	1	4	4
3	3	3	4	4
4	2	4	4	4
5	1	4	2	4
6	3	4	2	4
7	2	4	3	3
8	1	4	2	3
9	3	3	1	3
10	2	3	2	2

例 4.11 臺灣地區旅遊景點指標之離散化

根據臺灣觀光局之調查，臺灣地區十個旅遊景點之評估因素共分成五項，分別為觀賞性，文化性，科學性，環境性及休閒性，經由問卷評比之結果如表 4-23 所示。

表 4-23．臺灣地區十個旅遊景點的評比值（10 分為滿分，並為望大）

編號	地點	觀賞性	文化性	科學性	環境性	休閒性
1	基隆野柳	9.3	7.2	5.2	7.0	7.8
2	臺北 101 大樓	8.1	7.2	9.2	8.0	6.5
3	桃園石門水庫	7.9	7.0	5.8	7.1	8.3
4	高鐵新竹站	7.2	6.3	9.2	6.9	5.5
5	苗栗獅頭山	7.3	8.2	6.0	8.1	8.5
6	宜蘭拉拉山	8.0	8.4	5.2	6.2	9.2
7	花蓮太魯閣	9.0	9.0	5.9	6.1	8.3
8	臺南曾文水庫	8.0	7.1	7.5	8.1	9.2
9	臺東蘭嶼	9.0	8.8	6.5	7.3	8.8
10	高雄科工館	9.2	6.8	9.0	7.6	6.0

表 4-24．臺灣地區十個旅遊景點的正規化值

編號	地點	觀賞性	文化性	科學性	環境性	休閒性
1	基隆野柳	1	0.8000	0.5652	0.8642	0.8478
2	臺北 101 大樓	0.8710	0.8000	1	0.9876	0.7065
3	桃園石門水庫	0.8495	0.7777	0.6304	0.8765	0.9021
4	高鐵新竹站	0.7742	0.7000	1	0.8147	0.5978
5	苗栗獅頭山	0.7850	0.9111	0.6522	1	0.9239
6	宜蘭拉拉山	0.8602	0.9333	0.5652	0.7654	1
7	花蓮太魯閣	0.9677	1	0.6413	0.7530	0.9021
8	臺南曾文水庫	0.8602	0.7888	0.8152	1	1
9	臺東蘭嶼	0.9677	0.9777	0.6989	0.9012	0.9565
10	高雄科工館	0.9892	0.7555	0.9783	0.9388	0.6521

表 4-25・臺灣地區十個旅遊景點評比值離散化之數值範圍（$k=4$）

正規化後之數值	離散化後之數值
0～0.25	1
0.36～0.50	2
0.51～0.75	3
0.76～1.0	4

利用表 4-25 的數值範圍代入表 4-24 中，可以轉換成離散的狀態，如表 4-26 所示，可以得到臺灣地區十個旅遊景點評比值經 *k*-means 離散化之結果。

表 4-26・臺灣地區十個旅遊景點評比值經 *k*-means 離散化之結果

編號	地點	觀賞性	文化性	科學性	環境性	休閒性
1	基隆野柳	4	4	3	4	4
2	臺北 101 大樓	4	4	4	4	3
3	桃園石門水庫	4	3	3	4	4
4	高鐵新竹站	4	4	4	4	3
5	苗栗獅頭山	4	4	3	4	4
6	宜蘭拉拉山	4	4	3	4	4
7	花蓮太魯閣	4	4	3	3	4
8	臺南曾文水庫	4	4	4	4	4
9	臺東蘭嶼	4	4	3	4	4
10	高雄科工館	4	4	4	4	3

4.3　知識約簡和數據的依賴性

通常，談到知識中的有效範疇時，是否需要瞭解全部的知識嗎？為了討論知識資訊系統和決策表的公式化，也必須要明白如何在保持知識庫的資訊下，在初等範疇的情況下消除知識庫中冗長分類或冗長基本範疇？這個問題就是我們為什麼做知識約簡的理由。所以為了以後的理論解析，在這裡首先對知識的約簡作形式化的定義，介紹數據的相關的定義等等。

4.3.1　可省略性（dispensable）與獨立性（independent）

在說明知識的約簡作形式化的定義之前，首先說明所謂可省略的與不可省略的定義。

U 為等價關係中的某一集合，在 $x \subseteq U$ 中，如果

$$ind(U) = ind(U - X) \tag{4-7}$$

則稱 X 在 U 中為可省略的。反之

$$ind(U) \neq ind(U - X) \tag{4-8}$$

則稱 X 在 U 中為獨立的。

同樣地，R 是一個等價關係族，並且 $r \in R$，如果

$$ind(R) = ind(R - \{r\}) \quad (4\text{-}9)$$

則稱 r 在 R 中為可省略的。否則

$$ind(R) \neq ind(R - \{r\}) \quad (4\text{-}10)$$

r 在 R 中為不可省略的；或稱 r 在族 R 中為獨立的。這個意思是說，R 是我們討論的對象的屬性集合，如果在近似表達中有一些特徵作用並不大時，可以這些屬性；結果不會影響所討論的對象的表達。這些多餘的屬性 r 去掉之後，其他剩下的屬性集合仍然保持其等價關係。所以 r 是可以省略或去掉的，但是 R 是不可省略的，不可少的。

例 4.12 $U = \{x_1, x_2, x_3, x_4, x_5, x_6, x_7, x_8,\}$，$R = \{P, Q, r\}$，等價關係 P，Q，r 有下列的等價類：

$U|P = \{\{x_1, x_4, x_5\}, \{x_2, x_8\}, \{x_3\}, \{x_6, x_7\}\}$

$U|Q = \{\{x_1, x_3, x_5\}, \{x_2, x_4, x_7, x_8\}, \{x_6\}\}$

$U|r = \{\{x_1, x_5\}, \{x_2, x_7, x_8\}, \{x_3, x_4\}, \{x_6\}\}$

則，$ind(R) = ind(\{P, Q, r\})$

$= \{\{x_1, x_5\}, \{x_2, x_8\}, \{x_3\}, \{x_4\}, \{x_6\}, \{x_7\}\}$。

因為 $U|ind(R - P) = U|ind(\{Q, r\})$

$= \{\{x_1, x_5\}, \{x_2, x_7, x_8\}, \{x_3\}, \{x_4\}, \{x_6\}\} \neq U|ind(R)$

$\neq U|ind(R)$

所以關係 P 為 R 中是不可省略的。

因為 $U|ind(R-Q)=U|ind(\{P,r\})$

$=\{\{x_1,x_5\},\{x_2,x_8\},\{x_3\},\{x_4\},\{x_6\},\{x_7\}\}$

$=U|ind(R)$

所以關係 Q 為 R 中是可省略的。

因為 $U|ind(R-r)=U|ind(\{P,Q\})$

$=\{\{x_1,x_5\},\{x_2,x_8\},\{x_3\},\{x_4\},\{x_6\},\{x_7\}\}$

$=U|ind(R)$

所以關係 r 為 R 中是可省略的。

例 4.13 $U=\{x_1,x_2,x_3,x_4,x_5,x_6,x_7,x_8\}$，$F=\{F_1,F_2,F_3,F_4\}$，

其中，$F_1=\{x_1,x_2,x_8\}$，$F_2=\{x_1,x_2,x_4,x_5,x_6\}$

$F_3=\{x_1,x_3,x_4,x_6,x_7\}$，$F_4=\{x_1,x_3,x_5,x_7\}$。

因此，$\cup F=F_1\cup F_2\cup F_3\cup F_4=\{x_1,x_2,x_3,x_4,x_5,x_6,x_7,x_8\}$

因為，$\cup(F-\{F_1\})=\cup\{F_2,F_3,F_4\}=\{x_1,x_2,x_3,x_4,x_5,x_6,x_7\}\neq\cup F$

$\cup(F-\{F_2\})=\cup\{F_1,F_3,F_4\}$

$=\{x_1,x_2,x_3,x_4,x_5,x_6,x_7,x_8\}=\cup F$

$\cup(F-\{F_3\})=\cup\{F_1,F_2,F_4\}$

$=\{x_1,x_2,x_3,x_4,x_5,x_6,x_7,x_8\}=\cup F$

$\cup(F-\{F_4\})=\cup\{F_1,F_2,F_3\}$

$=\{x_1,x_2,x_3,x_4,x_5,x_6,x_7,x_8\}=\cup F$

F 中唯一的不可省略集合為 X_1 而已。所以，F 的不可省略集合為：

$\{F_1,F_2,F_3\}$，$\{F_1,F_2,F_4\}$，$\{F_1,F_3,F_4\}$。

4.3.2 屬性的依賴度（Dependents）

假設在決策系統中，C 與 D 分別表示條件屬性和決策屬性，則決策屬性在條件屬性下的正區域可以定義為

$$pos_C(D) = \bigcup_{X \in U/D} \underline{C}(X) \tag{4-11}$$

（4-11）式表明 $pos_C(D)$ 為根據 C 的知識所進行的劃分（U/C），能夠確切地劃入 U/C 類的對象集合。

而屬性的依賴度 $\gamma_c(D)$ 則表示在條件屬性 C 下，能夠確切地劃入決策在 U/C 的對象占全集合中總對象數的比率。換言之，就是決策屬性對條件屬性的依賴程度。

在粗糙集中，決策屬性 D 對條件屬性 C 的依賴度則定義為

$$\gamma_c(D) = \frac{|pos_C(D)|}{|U|} \tag{4-12}$$

$\gamma_c(D) = 1$ 時，稱 D 是 C 完全可導的；當 $0 < \gamma_c(D) < 1$ 時，稱 D 是 C 部分可導的；當 $\gamma_c(D) = 0$ 時，稱 D 是 C 完全不可導的。

例 4.14　計算變形金剛玩具的屬性依賴度

表 4-27・變形金剛玩具離散訊息系統表

屬性 / 對象U	條件屬性（C）			決策屬性（D）
	顏色（a_1）	大小比例（a_2）	價格（a_3）	銷售量
x_1	1	2	2	1
x_2	3	1	1	2
x_3	2	1	2	2
x_4	2	2	3	1
x_5	3	3	2	2
x_6	1	1	1	1
x_7	2	1	2	2
x_8	3	3	2	1

解：將表 4-27 離散化時，主觀的決定方法如下：

(1) 顏色部分：紅色為 1，銀灰色為 2，黑色為 3。

(2) 大小比例部分：1:6 為 1，1:8 為 2，1:10 為 3。

(3) 價格部分：低為 1，中為 2，高為 3。

(4) 銷售量部分：不好為 1，好為 2。

那麼，我們可以得到整理後的新資訊系統表。

因為：$\frac{U}{a_1}=\{\{x_1, x_6\}, \{x_3, x_4, x_7\}, \{x_2, x_5, x_8\}\}$

$$\frac{U}{a_2}=\{\{x_2, x_3, x_6, x_7\}, \{x_1, x_4\}, \{x_5, x_8\}\}$$

$$\frac{U}{a_3}=\{\{x_2, x_6\}, \{x_1, x_3, x_5, x_7, x_8\}, \{x_4\}\}$$

所以

(1) 對條件屬性而言：

$$\frac{U}{C}=\frac{U}{\{a_1,a_2,a_3\}}=\{\{x_1\},\{x_2\},\{x_3,x_7\},\{x_4\},\{x_5,x_8\},\{x_6\}\}$$

對決策屬性而言：$\frac{U}{D}=\{\{x_1,x_4,x_6,x_8\},\{x_2,x_3,x_5,x_7\}\}=\{X_1,X_2\}$

因此，正域為：$pos_C(D)=\{x_1,x_2,x_3,x_4,x_6,x_7\}$

(2) 代入依賴度公式：$\gamma_c(D)=\frac{|pos_C(D)|}{|U|}$，可以得到

$$\gamma_c(D)=\frac{|pos_C(D)|}{|U|}=\frac{6}{8}=0.75$$

4.3.3 粗糙集的約簡（reduct）和核（core）

在實際應用中，通常都會考慮在所欲分析的資訊當中，各個屬性之間是否存在著某種相互依賴的關係，亦即是否可以從已知的的知識中推導出另一個等價的知識？此種關係稱為屬性依賴。相對應的，在所分析的訊息當中，所取的屬性是否均為必須的？能不能在保持原有的資訊系統分類能力之下，儘可能的除去多餘的知識。

換言之，在針對某一實際問題時，由於各個屬性的重要性並不一定相同，通常的做法是將某一屬性 a 從屬性因子群 C 中去除，看看它對 C 所產生的正域所影響的程度，如果沒有影響，則此一屬性 a 為多餘的，可以去除，依此類推。此類問題即稱為屬性約簡。如果使用數學符號表示則為在給定的決策系統中，$R\subseteq C$ 為條件屬性集合 C 的約簡，滿足

$$\forall_a\in R，a 與 D 為不可省略 \qquad (4\text{-}13)$$

在 $X \subseteq U$ 為獨立，以及

$$pos_R(D) = pos_C(D) \quad (4\text{-}14)$$

的條件之下，則稱 R 是 C 中的一個約簡。

一個屬性集合 P 可能有多種的約簡方法。若對於屬性子集合 $P \subset R$ 裡，存在 $Q = P - r$，$Q \subseteq P$，使得 $ind(Q) = ind(Q)$，並且 Q 為最小子集合。則 Q 稱為 P 的約簡，並寫成

$$red\,(P) \quad (4\text{-}15)$$

要是 P 中所有約簡集合中，都包含的不可省略關係的集合，則約簡集合 $red\,(P)$ 的交集稱為 P 的核，並寫成

$$core\,(P) \quad (4\text{-}16)$$

它是用來表達知識時，必不可少的重要屬性集合。一般在屬性集合的核與約簡的關係之間，有著以下的重要公式

$$core\,(P) = \cap\, red\,(P) \quad (4\text{-}17)$$

其中，$red\,(P)$ 是 P 的所有約簡族。

由於知識或屬性的約簡所得到的為最小不可省略子集 X，在最小

不可省略子集 A 最重要的關係集即稱為 U 的核。在粗糙集中，核的主要意義有兩大項：

(1) 計算所有約簡值的數學基礎。

(2) 可以做為所有欲分析系統中，最重要因子的參考（權重因子）。亦即可以把知識約簡，讓它是不能消去的知識特徵部分的集合。

例 4.15 某一知識資訊系統

表 4-28．知識資訊系統

U \ R	班及 R_1	成績 R_2	出路 R_3
1. 陳君	A	優	本校研究所
2. 林君	B	可	他校研究所
3. 李君	C	優	就職
4. 許君	C	可	本校研究所
5. 蔡君	A	優	本校研究所
6. 史君	C	良	留學
7. 楊君	B	可	留學
8. 宋君	B	可	他校研究所

因為有一個等價關係 $R=\{R_1, R_2, R_3\}$：

$U|R_1=\{\{x_1, x_5\}, \{x_2, x_7, x_8\}, \{x_3, x_4, x_6\}\}$

$U|R_2=\{\{x_1, x_3, x_5\}, \{x_6\}, \{x_2, x_4, x_7, x_8\}\}$

$U|R_3=\{\{x_1, x_4, x_5\}, \{x_2, x_8\}, \{x_3\}, \{x_6, x_7\}\}$

又因為這樣關係 $ind(R)$ 有以下的等價類：

$U|ind(R)=\{\{x_1, x_5\}, \{x_2, x_8\}, \{x_3\}, \{x_4\}, \{x_6\}, \{x_7\}\}$

(1) 因為 $U|ind(R-R_1)=U|ind(\{R_2, R_3\})$

$=\{\{x_1, x_5\}, \{x_2, x_8\}, \{x_3\}, \{x_4\}, \{x_6\}, \{x_7\}\}$

$=U|ind(R)$

所以關係 R_1 是 R 中可省略的。

(2) 因為 $U|ind(R-R_2)=U|ind(\{R_1, R_3\})$

$=\{\{x_1, x_5\}, \{x_2, x_8\}, \{x_3\}, \{x_4\}, \{x_6\}, \{x_7\}\}$

$=U|ind(R)$

所以關係 R_2 也是 R 中可省略的。

(3) 因為 $U|ind(R-R_3)=U|ind(\{R_1, R_2\})$

$=\{\{x_1, x_5\}, \{x_2, x_7, x_8\}, \{x_3\}, \{x_4\}, \{x_6\}\}$

$\neq U|ind(R)$

所以關係 R_3 是 R 中不可省略的。

這個意思就是：利用等價關係 $R=\{R_1, R_2, R_3\}$ 的集合定義的分類，與根據 R_1 和 R_3 或 R_2 和 R_3 定義的分類結果都相同；亦即說明利用等價關係 $U|\ (R_1, R_3)$ 或 $U|\ (R_2, R_3)$ 就足夠了。

為了得到集合 $R=\{R_1, R_2, R_3\}$ 的約簡，由以上的結果，我們還必須考慮集合對 R_1, R_3 還是 R_2, R_3 是否為獨立的。因為

$U|ind(R_1, R_3)\neq U|ind(R_2)$，並且 $U|ind(R_2, R_3)\neq U|ind(R_1)$

$\therefore$ 關係 R_2 和 R_3 是獨立的，並且 $\{R_2, R_3\}$ 是 R 的約簡

同樣地，$\{R_1, R_3\}$ 也是 R 的約簡；

因此，這個族 R 有兩個約簡。亦即 $P_1=\{R_1, R_3\}$ 和 $P_2=\{R_2, R_3\}$，所以 $cord(P)=\{R_1, R_3\}\cap\{R_2, R_3\}=\{R_3\}$，$\{R_3\}$ 為 R 的核。

4.3.4 屬性的重要性（Significant）

針對某一實際的問題，例如在工程應用中，各個屬性的重要性是不同的，因此利用屬性的依賴度可以決定屬性的重要程度。通常的做法是將某一個屬性 a 從 C 中除去，看看它對由 C 所產生的正區域的影響程度。

而在粗糙集中的屬性重要性的定義為：在決策系統中，$a \in C$ 的屬性重要性定義為

$$\sigma_{(C,D)}(a)=\frac{\gamma_c(D)-\gamma_{c-\{a\}}(D)}{\gamma_c(D)}=1-\frac{\gamma_{c-\{a\}}(D)}{\gamma_c(D)} \qquad (4\text{-}18)$$

由方程式（4-18）中可以得知，$\gamma_c(D)$ 表示決策屬性 D 和條件屬性 C 之間的依賴程度，亦即使用 C 描述 $U/ind(D)$ 的近似程度，因此可以利用當 a 以 C 中除去時，$\gamma_c(D)$ 數值的改變以衡量屬性 a 的重要性。

例 4.16 求例 4.14 的屬性重要性

解：根據屬性重要性的公式做法

(1) 去掉屬性 a_1：

此時，對條件屬型而言：

$U/\{a_2,a_3\}=\{\{x_1\},\{x_2,x_6\},\{x_3,x_7\},\{x_4\},\{x_5,x_8\}\}$

對決策屬性而言：$\frac{U}{D}=\{\{x_1,x_4,x_6,x_8\},\{x_2,x_3,x_5,x_7\}\}=\{X_1,X_2\}$

因此正域為：$pos_C(D)=\bigcup_{X\in U/D} C\_(X)=C\_(D)=\{x_1,x_3,x_4,x_7\}$，

代入 $\gamma_{c-\{a_1\}}(D)=\frac{|pos_C(D)|}{|U|}$ 的公式中，可以得到

$$\gamma_{c-\{a_1\}}(D)=\frac{|pos_C(D)|}{|U|}=\frac{4}{8}=0.5，$$

因此屬性 a_1 的重要性為：$\sigma_{(C,D)}(a_1)=1-\frac{\gamma_{c-\{a_1\}}(D)}{\gamma_c(D)}=1-\frac{0.5}{0.75}$

$$=\frac{1}{3}$$

$$(\gamma_c(D)=\frac{6}{8}=0.75)$$

(2) 去掉屬性 a_2：

同樣地，對條件屬型而言：

$$U/\{a_1,a_3\}=\{\{x_1\},\{x_2\},\{x_3,x_7\},\{x_4\},\{x_5,x_8\},\{x_6\}\}$$

對決策屬性而言：$\frac{U}{D}=\{\{x_1,x_4,x_6,x_8\},\{x_2,x_3,x_5,x_7\}\}=\{X_1,X_2\}$

因此，正域為：$pos_C(D)=\{x_1,x_2,x_3,x_4,x_6,x_7\}$，代入

$\gamma_{c-\{a_1\}}(D)=\frac{|pos_C(D)|}{U}$ 的公式中，可以得到：

$$\gamma_{c-\{a_2\}}(D)=\frac{|pos_C(D)|}{U}=\frac{6}{8}=0.75，$$

因此，屬性 a_2 的重要性為：$\sigma_{(C,D)}(a_2)=1-\frac{\gamma_{c-\{a_2\}}(D)}{\gamma_c(D)}=1-\frac{0.75}{0.75}$

$$=0$$

(3) 去掉屬性 a_3：

同樣地，對條件屬型而言：

$$U/\{a_1,a_2\}=\{\{x_1\},\{x_2\},\{x_3,x_7\},\{x_4\},\{x_5,x_8\},\{x_6\}\}$$

對決策屬性而言：$\frac{U}{D}=\{\{x_1,x_4,x_6,x_8\},\{x_2,x_3,x_5,x_7\}\}=\{X_1,X_2\}$

因此，正域為：$pos_C(D)=\{x_1,x_2,x_3,x_4,x_6,x_7\}$，代入

$\gamma_{c-\{a_3\}}(D)=\frac{|pos_C(D)|}{U}$的公式中，可以得到：

$$\gamma_{c-\{a_3\}}(D)=\frac{|pos_C(D)|}{U}=\frac{6}{8}=0.75，$$

因此屬性a_3的重要性為：$\sigma_{(C,D)}(a_3)=1-\frac{\gamma_{c-\{a_3\}}(D)}{\gamma_c(D)}=1-\frac{0.75}{0.75}$

$$=0$$

(4) 求屬性約簡和核

根據以上的結果：a_1的屬性重要性為$\frac{1}{3}$，a_2的屬性重要性為0，a_3的屬性重要性為0。因此，屬性a_2及a_3為多餘的，可以去除，得到一個約簡，所以核為$\{a_1\}$。◩

4.4 知識資訊系統與決策表的公式化

4.4.1 知識資訊系統的公式化

根據$S=(U,R,V,f)=(U,C,D,V,f)$，我們將知識資訊系統可以公式化地定義為

$$S=(U,A) \tag{4-19}$$

其中　U=非空的有限集合論域。

　　　A=非空的屬性有限集合。

因為這個知識資訊系統和知識庫之間，具有一對一的映射關係；很明確地，屬性與屬性名稱都是同構的。在知識庫時為$K=(U,R)$，在知識

資訊系統時為 $S=(U, A)$，兩者之間的關係為

當 $r \in R$ 並且 $U|r=\{x_1, x_2, \cdots, x_n\}$，對於屬性集合 A 而言，每個屬性 a_r: $U \Rightarrow V_{a_r}$，若且為若 $x \in X_i$, $(i=1, 2, 3, \cdots, k)$，存在 V_{a_r}, $(i=1, 2, 3, \cdots, k)$，並且 $a_r(x)=i$。

這樣，所有知識庫的定義都可以適用在整個知識資訊系統內。

對於每個屬性子集合 $B \subseteq A$，我們定義一個不可分辨二元關係 $ind(B)$，亦即

$$ind(B)=\{(x, y) \in U^2，對於每一 b \in B, b(x)=b(y)\} \tag{4-20}$$

很明顯的，$ind(B)$是一個等價關係，並且 $b \in B$

$$ind(B)=\cap\, ind(b) \tag{4-21}$$

每個屬性子集合 $B \subseteq A$ 稱為一個屬性，當 B 是單元素集合時，B 稱為原始的，否則稱為複合的。屬性 B 要是看作是等價關係表示的知識的一個名稱時，可以認為是標識屬性。而包含對象 x，具有屬性 $B \subseteq A$ 的初等範疇的名稱為一個集合對（屬性，值），寫成

$$\{b, b(x)\}_{b \in B} \tag{4-22}$$

因此，關係知識庫中任一等價關係在知識資訊系統數據表中，表示為一個屬性和使用屬性值表示的關係的等價類。表中的列可以看作

是某些範疇的名稱；整個表包含了相對應知識庫中所有範疇的描述，也包含了能從表中數據中推導出的所有可能的規則。因此，數據表（知識資訊系統）可以說是知識庫中有效事實和規則的描述。

例 4.17 有一個知識資訊系統數據表，如表 4-29 所示。

表 4-29・某一個知識資訊系統

競爭者 U	身長 a(cm)	體重 b(kg)	成績 c	證照 d	結果 e
1. 陳君	165～175	50 以下	優	甲	不合格
2. 林君	160 以下	50～75	良	乙	合格
3. 李君	175 以上	50 以下	可	乙	候補
4. 許君	165～175	50～75	可	甲	合格
5. 蔡君	165～175	50 以下	優	丙	候補
6. 史君	175 以上	75 以上	可	乙	候補
7. 王君	175 以上	50～75	良	乙	合格
8. 宋君	160 以下	50～75	良	丙	候補

定義：$U=\{x_1, x_2, x_3, x_4, x_5, x_6, x_7, x_8\}=\{1, 2, 3, 4, 5, 6, 7, 8\}$

為{陳，林，李，許，蔡，史，王，宋}

$A=\{a, b, c, d, e\}$

$V=V_a=\{2, 1, 0\}=$ {175 以上，165～175，160 以下}

$=V_b=\{2, 1, 0\}=$ {75 以上，75～50，50 以下}

$=V_c=\{2, 1, 0\}=$ {優，良，可}

$=V_b=\{2, 1, 0\}=$ {甲，乙，丙}

$=V_b=\{2, 1, 0\}=$ {合格，候補，不合格}

則我們可以得到各種分類，例如：

$U|ind(a)=\{\{2,8\},\{1,4,5\},\{3,6,7\}\}$

$U|ind(b)=\{\{1,3,5\},\{2,4,7,8\},\{6\}\}$

$U|ind(c)=\{\{1,5\},\{3,4,6\},\{2,7,8\}\}$

$U|ind(a,b)=\{\{1,5\},\{2,8\},\{3\},\{4\},\{6\},\{7\}\}$

$U|ind(a,c)=\{\{1,5\},\{2,8\},\{3,6\},\{4\},\{7\}\}$

$U|ind(b,c)=\{\{1,5\},\{2,7,8\},\{3\},\{4\},\{6\}\}\}$

$U|ind(a,b,c)=\{\{1,5\},\{2,8\},\{3\},\{4\},\{6\},\{7\}\}$

如果，對屬性集合 $C=\{a,b,c\}$ 而言，假設論域的子集合 $X=\{1, 2, 3, 4, 5\}$，我們可以得到：$\underline{C}X=\{1, 2, 3, 4, 5\}$，$\overline{C}X=\{1, 2, 3, 4, 5, 8\}$ 及 $bn_C(X)=\{2, 8\}$。這樣，對屬性集合 C，集合 X 是粗糙的。也就是說，利用屬性集合 C 的集合，我們不能確定元素 $\{2\}$ 和 $\{8\}$ 是否為集合 X 的成員，而論域中其它元素利用屬性集合 C 進行分類是可以的。

例如，我們分析同樣的表，屬性集合為 $C=\{a,b,c\}$ 是否可以約簡。因為不可分辨關係 $ind(\{a,b,c\})$ 的構成為：$\{1,5\}$，$\{2,8\}$，$\{3\}$，$\{4\}$，$\{6\}$，$\{7\}$。不可分辨關係 $ind(\{a,b\})$ 的構成為：$\{1,5\}$，$\{2,8\}$，$\{3\}$，$\{4\}$，$\{6\}$，$\{7\}$。

$$\therefore ind(\{a,b\})=ind(\{a,b,c\})。$$

並且不可分辨關係 $ind(\{c\})$ 的構成為：$\{1,5\}$，$\{2, 7, 8\}$，$\{3,4,6\}$。

$$\therefore ind(\{a,b\})\subset ind(\{c\})。$$

不可分辨關係 $ind(\{a,c\})$ 的構成為：$\{1,5\}$，$\{2,8\}$，$\{3,6\}$，$\{4\}$，$\{7\}$。

$$\therefore ind(\{a,c\})\subset ind(\{c\})。$$

屬性集合 $C=\{a,b,c\}$ 是非獨立的，屬性 a,b 是不可省略的。但 c 是可省略的。所以集合 C 只有一個約簡。它就是 C 的核 $\{a,b\}$

現在，我們再觀察表中屬性集合 $D=\{d,e\}$ 相對於屬性集合 $C=$

$\{a, b, c\}$的依賴性。

由於分類$U|D$的構成為

$$X_1 = \{1\}，X_2 = \{2, 7\}，X_3 = \{3, 6\}，X_4 = \{4\}，X_5 = \{5, 8\}$$

同樣地，分類$U|C$的構成為：

$$Y_1 = \{1, 5\}，Y_2 = \{2, 8\}，Y_3 = \{3\}，Y_4 = \{4\}，Y_5 = \{6\}，Y_6 = \{7\}$$

$$\therefore \underline{C}(X_1) = \phi，\underline{C}(X_2) = Y_6，\underline{C}(X_3) = Y_3 \cup Y_5，\underline{C}(X_4) = Y_4，\underline{C}(X_5) = \phi$$

因此　$pos_C(D) = Y_3 \cup Y_4 \cup Y_5 \cup Y_6 = \{3, 4, 6, 7\}$

也就是說，只有這些元素能利用屬性集合$C = \{a, b, c\}$劃入分類$U|D$，因此C和D之間的依賴性為：$r_C(D) = \frac{4}{8} = 0.5$。

同樣的　$pos_{(a, b)}(D) = Y_3 \cup Y_4 \cup Y_5 \cup Y_6 = \{3, 4, 6, 7\}$

$pos_{(a, c)}(D) = Y_3 \cup Y_4 \cup Y_5 \cup Y_6 = \{3, 4, 6, 7\}$

屬性集合C是D非獨立的，所以屬性a是D不可省略的。這表明C的D核是屬性$\{a\}$。因此，我們可得到兩個C和D約簡，亦即$\{a, b\}$和$\{a, c\}$。意味著在表 4-29 中存在著以下的依賴關係：$\{a, b\} \Rightarrow \{d, e\}$和$\{a, c\} \Rightarrow \{d, e\}$。亦即，利用屬性集合$\{a, b\}$和$\{a, c\}$都可以將$\{3, 4, 6, 7\}$這些元素劃入分類$U|D$中。

4.4.2　決策表的公式化

決策表是從前述的知識資料系統中所發展的另一個特殊又很重要的表。我們直接利用下面的例子將它加以公式化，此一工具在往後的決策應用上會相當的有貢獻。

例 4.18 有患者到醫院檢查之決策表，如表 4-30 所示。

表 4-30．患者到醫院檢查之決策表

來院者 U	條件屬性 C			決策屬性 D（流行感冒）
	頭痛 C_a	肌肉痛 C_a	體溫 C_c	
p_1	否	是	正常	否
p_2	否	否	高	否
p_3	否	是	很高	是
p_4	否	否	高	是
p_5	否	是	很高	否
p_6	是	是	正常	否
p_7	是	是	高	是
p_8	是	是	很高	是

根據 $S=(U,R,V,f)=(U,C,D,V,f)$ 為一知識資料系統，$R=X\cup D$，$C\cap D=\phi$，C 稱為條件屬性集合，D 稱為決策屬性集合。決策表是一個具有條件屬性和決策屬性的知識資料系統。

從表 4-30 中，$U=\{p_1,p_2,p_3,p_4,p_5,p_6,p_7,p_8\}$，$C=\{C_a,C_b,C_c\}$

$$U|C_a=\{\{p_1,p_2,p_3,p_4,p_5\},\{p_6,p_7,p_8\}\}$$

$$U|C_b=\{\{p_1,p_3,p_5,p_6,p_7,p_8\},\{p_2,p_4\}\}$$

$$U|C_c=\{\{p_1,p_6\},\{p_2,p_4,p_7\},\{p_3,p_5,p_8\}\}$$

$$U|\{C_a,C_b\}=\{\{p_1,p_3,p_5\},\{p_2,p_4\},\{p_6,p_7,p_8\}\}$$

$$U|\{C_a,C_c\}=\{\{p_1\},\{p_2,p_4\},\{p_3,p_5\},\{p_6\},\{p_7\},\{p_8\}\}$$

$$U|\{C_b,C_c\}=\{\{p_1,p_6\},\{p_2,p_4\},\{p_3,p_5,p_8\},\{p_7\}\}$$

$$U|\{C_a,C_b,C_c\}=\{\{p_1\},\{p_6\},\{p_2,p_4\},\{p_3,p_5\},\{p_7\},\{p_8\}\}$$

$$U|D=\{\{p_1,p_2,p_5,p_6\},\{p_3,p_4,p_7,p_8\}\}$$ 。

因為 $pos_C(D)=\{p_1\}\cup\{p_6\}\cup\{p_7\}\cup\{p_8\}=\{p_1,p_6,p_7,p_8\}$

$$\gamma_C(D)=\frac{|pos_C(D)|}{|D|}=\frac{4}{8}=0.5$$

所以，D 部分依賴（依賴度為 0.5）於 C。

又因為 $pos_{(C-\{C_a\})}(D)=\{p_1,p_6,p_7\}\neq pos_C(D)$

$pos_{(C-\{C_b\})}(D)=\{p_1,p_6,p_7,p_8\}=pos_C(D)$

$pos_{(C-\{C_C\})}(D)=\phi\neq pos_C(D)$

$pos_{(C-\{C_a,C_b\})}(D)=\{p_1,p_6\}\neq pos_C(D)$

$pos_{(C-\{C_b,C_c\})}(D)=\phi\neq pos_C(D)$

所以，D 的約簡（相對約簡）為 $C-\{C_b\}=\{C_a, C_c\}$，C 的核也是 $\{C_a, C_c\}$。

為了找出某些屬性的重要性（significant），令 C 和 D 分別為條件屬性集合和決策屬性集合，屬性子集合 $C'\subseteq C$ 關於 D 的重要性定義為

$$\sigma_{CD}(C')=\gamma_C(D)-\gamma_{C-C'}(D) \qquad (4\text{-}23)$$

特別的，當 $C'=\{a\}$ 時，屬性 $a\in C$ 關於 D 的重要性為

$$\sigma_{CD}(a)=\gamma_C(D)-\gamma_{C-\{a\}}(D) \qquad (4\text{-}24)$$

因此可以得到以下的結果

$$\sigma_{CD}(C_a=\text{頭痛})=\frac{4}{8}-\frac{3}{8}=\frac{1}{8}$$

$$\sigma_{CD}(C_b = \text{肌肉痛}) = \frac{4}{8} - \frac{4}{8} = 0$$

$$\sigma_{CD}(C_c = \text{體溫}) = \frac{4}{8} - 0 = \frac{4}{8}$$

所以本題中{體溫}最重要；其次是{頭痛}，而{肌肉痛}並不重要。這個決策表可以約簡為以下新的決策表。

表 4-31・約簡後的決策表

來院者 U	條件屬性 C		決策屬性 D（流行感冒）
	頭痛 C_a	肌肉痛 C_a	
p_1	否	正常	否
p_2	否	高	否
p_3	否	很高	是
p_4	否	高	是
p_5	否	很高	否
p_6	是	正常	否
p_7	是	高	是
p_8	是	很高	是

而從表 4-31 的決策表，我們可以得到以下的結果。

$U = \{p_1, p_2, p_3, p_4, p_5, p_6, p_7, p_8\}$

$C = \{C_a, C_c\} = \{$頭痛，體溫$\}$

$D = \{$流行感冒$\}$

$U | C_a = \{\{p_1, p_2, p_3, p_4, p_5\}, \{p_6, p_7, p_8\}\}$

$U | C_c = \{\{p_1, p_6\}, \{p_2, p_4, p_7\}, \{p_3, p_5, p_8\}\}$

$U | \{C_a, C_c\} = \{\{p_1\}, \{p_2, p_4\}, \{p_3, p_5\}, \{p_6\}, \{p_7\}, \{p_8\}\}$

$\therefore X_1 = \{p_1\}$，$X_2 = \{p_2, p_4\}$，$X_3 = \{p_3, p_5\}$，$X_4 = \{p_6\}$，

$X_5 = \{p_7\}$，$X_6 = \{p_8\}$。

$U|D = \{\{p_1, p_2, p_5, p_6\}, \{p_3, p_4, p_7, p_8\}\}$。

$\therefore Y_1 = \{p_1, p_2, p_5, p_6\}, Y_2 = \{p_3, p_4, p_7, p_8\}$

接著利用粗糙集歸屬函數（rough membership function）公式計算決策表的確定性因子

$$\mu(X_i, Y_j) = \frac{|Y_j \cap X_i|}{|X_i|}, 0 < \mu(X_i, Y_j) \leq 1 \qquad (4\text{-}25)$$

當 $\mu(X_i, Y_j) = 1$ 時，r_{ij} 是確定的；當 $0 < \mu(X_i, Y_j) < 1$ 時，r_{ij} 是不確定的。

其中，r_{ij} 是定義為：

$$r_{ij}：des\ (X_i) \rightarrow des\ (Y_j)，Y_j \cap X_i \neq \phi \qquad (4\text{-}26)$$

利用（4-26）式，可以得知

(1)確定性規則有

r_{11}：（頭痛，否）且（體溫，正常）→（流行感冒，否）

（$\because p_1$：$\mu(X_1, Y_1) = \frac{|Y_1 \cap X_1|}{|X_1|} = \frac{1}{1} = 1$　確定的）

r_{41}：（頭痛，是）且（體溫，正常）→（流行感冒，否）

（$\because p_6$：$\mu(X_4, Y_1) = \frac{|Y_1 \cap X_4|}{|X_4|} = \frac{1}{1} = 1$　確定的）

以下同樣的計算）

r_{52}：（頭痛，是）且（體溫，高）→（流行感冒，是）（$\because p_7$）

r_{62}：（頭痛，是）且（體溫，很高）→（流行感冒，是）

（∵p_8）

所以，可以得到以下的規則：

If [（頭痛，否）且（體溫，正常）]∨[（頭痛，是）且（體溫，正常）] then（流行感冒，否）

If [（頭痛，是）且（體溫，高）]∨[（頭痛，是）且（體溫，很高）] then（流行感冒，是）

⑵不確定性規則有

r_{21}：（頭痛，否）且（體溫，高）→（流行感冒，否）

（∵p_2：$\mu(X_2, Y_1) = \frac{|Y_1 \cap X_2|}{|X_2|} = \frac{1}{2} = 0.5$ 是不確定的）

r_{32}：（頭痛，否）且（體溫，高）→（流行感冒，是）

（∵p_3：$\mu(X_3, Y_2) = \frac{|Y_2 \cap X_3|}{|X_3|} = \frac{1}{2} = 0.5$ 是不確定的）

以下同樣的計算可以得到

r_{22}：（頭痛，否）且（體溫，高）→（流行感冒，是）

（∵p_4）

r_{31}：（頭痛，否）且（體溫，很高）→（流行感冒，否）

（∵p_5）

通常具有確定性規則的決策叫作協調的；當依賴度為 1 時，稱為完全協調。而不具有確定性規則的決策叫作不協調的，當然它們的依賴度不等於 1，而且數值都比 1 小。

例 4.19 約簡表 4-32 的決策表。

表 4-32・欲約簡之決策表

U	a	b	c	d	e
1	1	0	2	0	1
2	2	2	0	1	1
3	2	1	1	1	2
4	0	1	1	0	1
5	1	0	2	2	0
6	0	1	1	1	2
7	2	0	0	1	1
8	1	1	0	2	2

從表 4-32 中，$U=\{1,2,3,4,5,6,7,8\}$，$C=\{a,b,c\}$為條件屬性集合，$D=\{d,e\}$為決策屬性集合，此一決策表是一個具有條件屬性和決策屬性的知識資料系統。

因為：$U|a=\{\{4,6\},\{1,5,8\},\{2,3,7\}\}$

$U|b=\{\{1,5,7\},\{3,4,6,8\},\{2\}\}$

$U|c=\{\{2,7,8\},\{3,4,6\},\{1,5\}\}$

$U|C=\{a,b,c\}=\{\{1,5\},\{4,6\},\{2\},\{3\},\{7\},\{8\}\}$

$U|D=U|\{d,e\}=\{\{1,4\},\{2,7\},\{3,6\},\{5\},\{8\}\}$

$pos_C(D)=\{\{2\},\{3\},\{7\},\{8\}\}$

$\gamma_C(D)=\frac{4}{8}\neq 1$

表明在表 4-32 中有些決策規則是不協調的。所以，利用粗糙集歸屬函數計算此一決策表的確定性因子。

因為 $U|C=\{\{1,5\},\{4,6\},\{2\},\{3\},\{7\},\{8\}\}$

所以$X_1=\{1,5\}$，$X_2=\{4,6\}$，$X_3=\{2\}$，$X_4=\{3\}$，$X_5=\{7\}$，$X_6=\{8\}$。

$$U|D=U|\{d,e\}=\{\{1,4\},\{2,7\},\{3,6\},\{5\},\{8\}\}$$

$$Y_1=\{1,4\}，Y_2=\{2,7\}，Y_3=\{3,6\}，Y_4=\{5\}，Y_5=\{8\}$$

(1)$\mu(X_1,Y_1)=\dfrac{|Y_1\cap X_1|}{|X_1|}=\dfrac{1}{2}=0.5$ 不確定的

(2)$\mu(X_3,Y_2)=\dfrac{|Y_2\cap X_3|}{|X_3|}=\dfrac{1}{1}=1$ 確定的

(3)$\mu(X_4,Y_3)=\dfrac{|Y_3\cap X_4|}{|X_4|}=\dfrac{1}{1}=1$ 確定的

(4)$\mu(X_2,Y_1)=\dfrac{|Y_1\cap X_2|}{|X_2|}=\dfrac{1}{2}=0.5$ 不確定的

(5)$\mu(X_1,Y_4)=\dfrac{|Y_4\cap X_1|}{|X_1|}=\dfrac{1}{2}=0.5$ 不確定的

(6)$\mu(X_2,Y_3)=\dfrac{|Y_3\cap X_2|}{|X_2|}=\dfrac{1}{2}=0.5$ 不確定的

(7)$\mu(X_5,Y_2)=\dfrac{|Y_2\cap X_5|}{|X_5|}=\dfrac{1}{1}=1$ 確定的

(8)$\mu(X_6,Y_5)=\dfrac{|Y_5\cap X_6|}{|X_6|}=\dfrac{1}{1}=1$ 確定的

此一決策表可以分解為以下的兩個決策表。

表 4-33・協調決策表

U	*a*	*b*	*c*	*d*	*e*
1	1	0	2	0	1
4	0	1	1	0	1
5	1	0	2	2	0
6	0	1	1	1	2

從表 4-33 中，因為　$U|C=U|\{a,b,c\}=\{\{2\},\{3\},\{7\},\{8\}\}$

$U|D=U|\{d,e\}=\{\{2,7\},\{3\},\{8\}\}$

$pos_C(D)=\{\{2\},\{3\},\{7\},\{8\}\}$

$\therefore \gamma_C(D)=\frac{4}{4}=1$，此一決策表的規則都是協調的。

表 4-34・不協調決策表

U	a	b	c	d	e
2	2	2	0	1	1
3	2	1	1	1	2
7	2	0	0	1	1
8	1	1	0	2	2

再從表 4-34 中，因為　$U|C=U|\{a,b,c\}=\{\{1,5\},\{4,6\}\}$

$U|D=U|\{d,e\}=\{\{1\},\{4\},\{5\},\{6\}\}$

$pos_C(D)=0$

$\therefore \gamma_C(D)=\frac{0}{4}\neq 1$，所以此一決策表的規則都是不協調的。

第 5 章

粗糙集的應用實例及 Matlab 程式

1 粗糙集的應用實例
2 Matlab 應用程式

在本章中列舉幾個應用實例，並將相關的分析方式加以歸納，提供 Matlab 程式以做為參考。

5.1 粗糙集的應用實例

本節所舉例題均取自已發表之論文，在此謹向論文作者致上最高的謝意。

例 5.1 絕緣放電影響因子的分析

根據臺灣地區歷年電力系統事故原因的統計，發現有 50% 的事故是由雷擊所造成的。而在 1740 年佛蘭克林（Benjamin Franklin）利用風箏證明了雷擊只是一種氣體絕緣破壞的現象，後人也根據此一結果發明了「避雷針（lightning arrester）」。根據氣體絕緣破壞的性質及實際的量測，影響氣體絕緣破壞電壓的因子大致可以歸類為：

(1) 接地面電位梯度（∇V）：在間隙為兩公分之下其值為 30 kV/cm，當間隙大於十公分，其數值則會以非線性的下降至 20 kV/cm 左右。

(2) 接地面電位梯度的時間上昇率 $\left(\frac{d\nabla V}{dt}\right)$。

(3) 大氣壓力（torr）：和破壞值成正比。

(4) 相對濕度（%）：和破壞值成正比。

(5) 氣體種類。

⑹ 電流極性。

⑺ 溫度（temperature）。

⑻ 頻率（frequency）。

解：本例題中提出臺灣中部地區氣體絕緣破壞分析，以空氣為主，並且使用衝擊電壓的型式模擬氣體絕緣放電。首先根據可比性原則，從所有可能相關的因子中選出滿足可比性的四個因子做分析，並確定範圍如表 5-1 所示。

表 5-1・氣體絕緣破壞特徵的大小值

項　目	最　小	最　大
電位梯度（∇V）	0 kV/cm	30 kV/cm
電位梯度對時間上升率 $\left(\frac{d\nabla V}{dt}\right)$	0 kV/(cm·sec)	10 kV/(cm·sec)
大氣壓力（torr）	720	770
相對濕度（%）	65	85

接著建立球間隙放電系統實驗設備，而實驗步驟為

⑴ 架設所需之衝擊電壓設備。

⑵ 設定做三十組實驗，每組實際做 100 次的試驗。

⑶ 量出三十組實驗數值下的各個因子值之平均，如表 5-2 所示。

⑸ 利用吳漢雄及温坤禮所發展的局部性灰關聯度方式模擬，同時計算試驗值與模擬值的誤差，如表 5-3 所示。

表 5-2・三十組氣體絕緣破壞的試驗值〔次〕

編號	∇V	$\left(\frac{d\nabla V}{dt}\right)$	大氣壓力（torr）	相對濕度（%）	試驗值
1	22.096	9.049	761.0	78.6	67
2	23.478	5.678	761.1	81.5	60
3	22.831	7.415	761.3	82.0	63
4	22.508	8.739	760.8	82.5	69
5	22.006	8.987	759.0	81.5	66
6	22.827	8.501	759.5	82.4	68
7	22.631	8.761	759.8	79.5	63
8	22.127	8.850	759.3	78.5	63
9	22.924	7.675	758.7	78.0	67
10	22.521	7.682	759.0	77.5	68
11	22.153	7.681	758.1	81.5	73
12	23.539	5.770	761.5	80.5	60
13	22.845	6.917	761.2	81.5	55
14	23.606	5.347	759.8	81.5	63
15	22.985	7.253	759.5	82.5	57
16	23.548	5.848	759.0	77.5	62
17	22.657	7.539	758.4	78.5	55
18	22.142	7.411	759.3	75.0	59
19	22.940	7.491	758.9	81.5	60
20	22.619	7.385	758.4	76.4	50
21	22.096	7.464	759.0	76.5	53
22	22.604	7.514	758.9	79.4	60
23	23.378	5.747	760.2	81.0	57
24	22.874	6.832	759.6	78.4	61
25	22.479	7.615	761.2	81.4	60
26	22.052	7.864	760.9	79.5	54
27	23.611	5.825	759.4	80.4	64
28	22.736	6.631	761.4	83.0	51
29	22.590	7.486	758.9	76.5	62
30	22.096	7.647	759.3	77.5	60

表 5-3・三十組氣體絕緣破壞的模擬值與誤差

編號	試驗值（次）	模擬值		誤差值（%）	
		吳	溫	吳	溫
1	67	67.41	72.53	0.61	8.25
2	60	71.23	73.59	18.71	22.65
3	63	72.10	75.48	15.45	19.81
4	69	72.76	78.38	5.45	13.60
5	66	70.73	76.25	7.17	15.53
6	68	73.40	78.81	7.95	15.89
7	63	69.67	75.13	10.59	19.25
8	63	67.33	72.57	6.88	15.19
9	67	67.32	70.71	0.48	5.54
10	68	66.04	69.99	2.88	2.92
11	73	70.10	73.43	3.97	0.58
12	60	70.19	71.97	16.99	19.95
13	55	71.27	75.27	29.58	35.03
14	63	71.20	75.52	13.02	18.29
15	57	72.98	77.33	28.03	35.66
16	62	66.29	69.03	6.91	11.34
17	55	67.47	70.46	22.67	28.11
18	59	61.82	66.72	5.78	13.09
19	60	71.98	75.32	19.96	25.53
20	50	65.27	67.78	28.54	35.56
21	53	63.90	68.07	20.57	28.43
22	60	68.76	72.11	15.61	20.18
23	57	70.76	75.08	25.14	29.97
24	61	67.50	71.21	10.65	16.74
25	60	70.94	75.58	18.24	25.30
26	54	68.14	72.23	26.18	33.76
27	64	70.51	73.17	10.17	15.32
28	51	71.90	75.51	40.99	48.06
29	62	65.55	68.54	5.11	10.55
30	60	65.45	69.79	9.08	16.32

(1) 根據表 5-2 及表 5-3，選擇$\{\nabla V$，$\left(\frac{d\nabla V}{dt}\right)$，大氣壓力，相對溼度$\}$為屬性因子，誤差為決策因子，並使用 *k*-means 方式將數值離散化，得到表 5-4 的結果。

表 5-4．*k*-means 轉換

編號	∇V	$\left(\frac{d\nabla V}{dt}\right)$	大氣壓力	相對濕度	試驗值	
					吳	溫
1	3	1	2	3	1	1
2	1	3	2	2	2	2
3	2	2	2	1	2	2
4	2	1	2	1	1	2
5	3	1	3	2	1	2
6	2	1	1	1	1	2
7	2	1	1	2	2	2
8	3	1	1	3	1	2
9	2	2	3	3	1	1
10	2	2	3	3	1	1
11	3	2	3	2	1	1
12	1	3	2	2	2	2
13	2	2	2	2	3	3
14	1	3	1	2	2	2
15	2	2	1	1	3	3
16	1	3	3	3	1	1
17	2	2	3	3	2	3
18	3	2	1	3	1	2
19	2	2	3	2	2	2
20	2	2	3	3	3	3
21	3	2	3	3	2	3
22	2	2	3	2	2	2
23	1	3	1	2	3	3
24	2	2	1	3	2	2
25	2	2	2	2	2	2
26	3	2	2	2	3	3
27	1	3	1	2	2	2
28	2	2	2	1	3	3
29	2	2	3	3	1	1
30	3	3	3	3	2	2

其中：i.∇V：望大。ii.$\left(\frac{d\nabla V}{dt}\right)$：望大。iii.大氣壓力：望目（760 mm-Hg）。iv.相對溼度：望大。v.誤差：望小。

(2) 計算粗糙集之重要性，並轉換成權重值，如表 5-5 所示。

表 5-5 · 重要性與權重值

	∇V	$\left(\frac{d\nabla V}{dt}\right)$	大氣壓力（torr）	相對濕度（%）
粗糙集重要性	0.5333	0.6000	0.3667	0.5000
權重值	0.2667	0.3000	0.1834	0.2500

(3) 排出因子的重要程度

由表 5-5 得知因子重要程度的排列為：$\left(\frac{d\nabla V}{dt}\right) > \nabla V >$ 相對溼度 > 大氣壓力。

(4) 列出粗糙集權重聚類表，如表 5-6 所示。

表 5-6 · 權重聚類表

聚類別	因子
I	$\left(\frac{d\nabla V}{dt}\right)$，$\nabla V$
II	相對濕度，大氣壓力

圖 5-1・衝擊電壓產生器及球間隙放電系統圖

例 5-2 子宮頸癌診斷因子之分析

多年來子宮頸癌是發生率最高的婦女癌症，對臺灣婦女而言也是相當具有生命威脅的疾病，其年齡標準化發生率於1995至 1998 年是每十萬女性人口 42.9 人，高居婦女癌症之首位；而 2003 年每十萬女性人口子宮頸癌的死亡率為 8.42人，高居婦女十大癌症死因的第五位，因此推展子宮頸癌之預防以維護婦女健康是衛生單位的重要政策之一。

在衛生署訂定的子宮頸癌防治策略與工作目標計畫，以子宮頸癌好發年齡 30 歲以上婦女為目標人口群，因此全民健康保險於 1995 年開始，提供 30 歲以上婦女，每年一次子宮頸抹片檢查。1995 至 2001 年間，三十歲以上婦女曾接受子宮頸抹片檢查達 61%，但相較於歐美國家中年婦女篩檢率

70-80%，臺灣地區子宮頸癌之防治仍有相當大努力的空間。此外，臺灣地區 25 歲以上女性仍有近四成的比例不知道全民健保有提供 30 歲以上婦女每年一次免費子宮頸抹片檢查，如何促使婦女能定期接受子宮頸抹片檢查及提高篩檢率，為子宮頸癌防治之重要目標。

根據研究顯示，臺灣的子宮頸癌死亡率與世界各國比較是偏高的，而且在不同地區之中國婦女子宮頸癌發生率，以臺灣地區為最高，如何落實子宮頸癌防治，已成為婦女保健首要任務，而「子宮頸抹片檢查」是目前被認為篩檢子宮頸癌最有效的方法。子宮頸癌若能提早發現並加以治療其治癒力非常高，是值得大力推行的一項預防性篩檢。本題主要是配合衛生署推展婦癌疾病篩檢，建立一個符合民眾需求的健康照護管理模式，以改變過去醫院僅著重疾病的診斷與治療照護工作。

解：(1) 各項分析指標

本題的指標共五種，分別為年齡、教育程度、有無避孕、停經與否及細胞病理診斷。其中前四項為屬性因子，第五項為決策因子。

①年齡：共分成六群：20 歲以下、20 歲至 30 歲、30 歲至 40 歲、40 歲至 50 歲、50 歲至 60 歲及 60 歲以上。

②教育程度：共分成六群：無、小學、初中初職、高中高職、專科大學及研究所以上。

③有無避孕：共分成五群：無、口服避孕藥、結紮、子宮內

避孕器及其他。

④停經與否：共分成三群：是、否及不知道。

⑤ 細胞病理診斷：臺灣抹片檢查結果是以細胞病理診斷來分級，可分為一至十七級。當個案的抹片結果為四級以上時，即須於六週內進行再複檢（在本例中以一至四級）。

1: Within normal limit (Reactive changes: Inflammation, erpair

2: Radiation and others

3: Atrophy with inflammation

4: Atypical squamous cells (ASC-US)

5: Atypica glandular cells

6: Mild dysplasia (CIN1) with koilocytes

7: Mild dysplasia (CIN1) without koilocytes

8: Moderate dysplasia (CIN2)

9: Severe dysplasia (CIN3)

10: Carcinoma in situ (CIN3)

11: Squamous Cell Carcinoma (Atypical Glandular Cells)

12: Adenocarcinoma

13: Other Malignant Neoplasm

14: Other

15: Atypica glandular cells favor neoplasm

16: Atypical squamous cells cannot exclude HSIL

17: Dysplasia, cannot exclude HSIL

(2) 研究分析方法

依據衛生署資料顯示：子宮頸原位癌好發年齡從 30 歲開始，

而本題就以臺中縣某教學醫院來院各科門診就診 30 歲以上婦女為研究範圍，取樣期間為 2003 年 4 月 1 日至 2003 年 11 月 30 日期間。內容包括個人基本資料及個案臨床資料。最後將所有資料整合，資料總量共計 3,610 筆，再將病理因子的重要性加以排序。

(3) 資料之型態

由於資料量相當龐大，在表 5-7 中僅列出其中的一小部分，並以電腦螢幕加以顯示。

表 5-7・子宮頸癌診斷資料表

編號	病歷號	出生日期	年齡層	教育程度	現在有無避孕	已停經	細胞病理診斷
1	139847	1933/2/28	6	2	1	1	4
2	646212	1986/7/16	1	3	1	2	1
3	350164	1979/3/19	2	5	1	2	1
4	638803	1971/11/15	3	5	4	2	2
5	505957	1969/4/26	3	4	1	2	1
6	142306	1968/5/18	3	5	5	2	1
7	647506	1967/9/13	3	2	1	1	1
8	647501	1966/9/28	3	4	3	2	1
9	167144	1960/3/30	4	4	4	2	2
10	515432	1960/10/15	4	3	4	2	2
11	227099	1959/6/6	4	3	/	3	3
12	297168	1958/9/30	4	2	1	1	1
13	5832	1953/6/11	5	5	1	1	1
14	39845	1953/3/15	5	2	3	1	2
15	589005	1951/10/15	5	3	1	3	2
16	423667	1949/5/24	5	4	1	1	1

編號	病歷號	出生日期	年齡層	教育程度	現在有無避孕	已停經	細胞病理診斷
17	591928	1949/4/1	5	2	1	1	3
~~	~	~	~	~	~	~	~
3603	648733	1975/9/20	2	6	5	2	1
3604	123528	1969/3/26	3	4	1	2	2
3605	646854	1965/1/5	3	2	1	2	2
3606	36954	1963/1/25	4	4	4	2	2
3607	14556	1959/6/13	4	4	1	2	1
3608	554059	1956/10/20	4	2	3	2	1
3609	366401	1953/4/1	5	2	3	1	1
3610	217732	1948/10/30	5	2	1	1	3

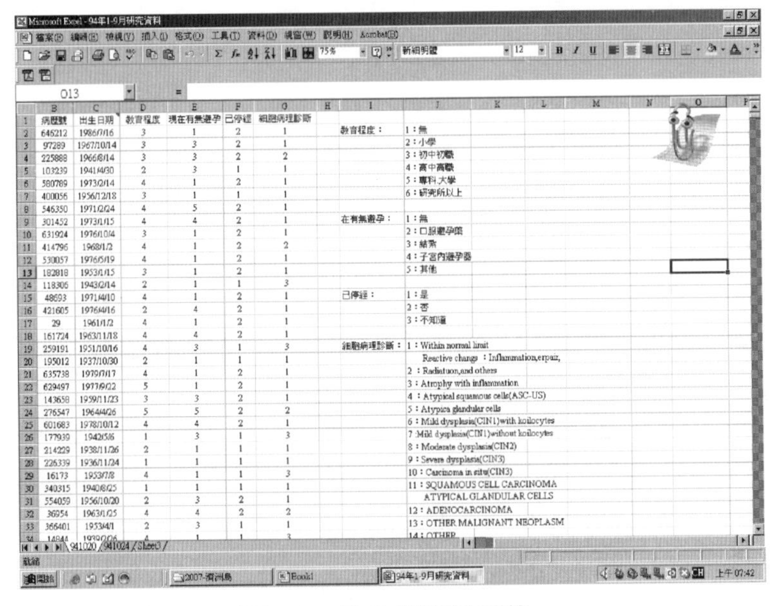

病歷號	出生日期	教育程度	現在有無避孕	已停經	細胞病理診斷
646212	1986/7/16	3	1	2	1
97289	1967/10/14	3	3	2	1
225888	1966/8/14	3	3	2	2
103239	1941/4/30	2	3	1	1
580789	1973/2/14	4	1	2	1
400056	1956/12/18	3	1	1	1
546350	1971/2/24	4	5	2	1
301452	1973/1/15	4	4	2	1
631924	1976/10/4	3	1	2	1
414796	1968/1/2	4	1	2	2
530057	1976/5/19	4	1	2	1
182818	1953/1/15	3	1	2	1
118306	1943/2/14	2	1	1	3
48693	1971/4/10	4	1	2	1
421605	1976/4/16	2	4	2	1
29	1961/1/2	4	1	2	1
161724	1963/11/18	4	4	2	1
259191	1951/10/16	4	3	1	3
195012	1937/10/30	2	1	1	1
635738	1979/7/17	4	1	2	1
629497	1977/9/22	5	1	2	1
143658	1959/11/23	3	3	2	1
276547	1964/4/26	5	5	2	2
601683	1978/10/12	4	4	2	1
177939	1942/5/6	1	3	1	3
214229	1938/11/26	2	1	1	1
226339	1936/11/24	1	1	1	1
16173	1953/7/8	4	1	1	3
340315	1940/8/25	1	1	1	1
554059	1956/10/20	2	3	2	1
36954	1963/1/25	4	4	2	2
366401	1953/4/1	2	3	1	1

教育程度：1：無 2：小學 3：初中初職 4：高中高職 5：專科.大學 6：研究所以上

在有無避孕：1：無 2：口服避孕藥 3：結紮 4：子宮內避孕器 5：其他

已停經：1：是 2：否 3：不知道

細胞病理診斷：1：Within normal limit
Reactive change ：Inflammation,erpair,
2 ：Radiatuon,and others
3：Atrophy with inflammation
4 ：Atypical squamous cells(ASC-US)
5：Atypica glandular cells
6：Mild dysplasia(CIN1)with koilocytes
7 Mild dysplasia(CIN1)without koilocytes
8：Moderate dysplasia(CIN2)
9：Severe dysplasia(CIN3)
10：Carcinoma in situ(CIN3)
11：SQUAMOUS CELL CARCINOMA
ATYPICAL GLANDULAR CELLS
12：ADENOCARCINOMA
13：OTHER MALIGNANT NEOPLASM

圖 5-2・欲分析資料型態

(4) 計算粗糙集重要性，並轉換成權重值，如表 5-8 所示。

表 5-8・重要性與權重值

	年齡層	教育程度	已停經	現在有無避孕
粗糙集之重要性	0.3017	0.3017	0.3231	0.1625
權重值	0.2771	0.2771	0.2967	0.1492

(5) 排出因子的重要性程度

由表 5-8 中得知因子重要性程度的排列為：

已停經 > 年齡層 = 教育程度 > 現在有無避孕，表示現在有無避孕在此一系統內為較不重要之因子。

例 5-3 美國職棒大聯盟影響因子

對美國職棒大聯盟巨人隊而言，最重要的收入來自於門票的銷售，約占一般收入的 50~70%，而電視廣播的合約也帶來不少收入；附屬企業所販售的零食與紀念品則為球隊的第三大收入來源。但不論如何，收入的多寡是以到場人數為主。對於決策者而言，重要因子或屬性之判斷與篩選，乃為決策形成之重要參考依據。因此本題主要利用所收集到的資料，找出影響到場人數的重要因子群。在表 5-9 至表 5-10 列出了美國職棒大聯盟巨人隊主場比賽的資料。

表 5-9・巨人隊主場比賽的資料

編號	月份	日期	星期	夜間比賽	TV 轉播	特殊活動	氣溫	天氣	明星投手	對手	落後指標	到場人數
1	4	5	4	0	1	1	55	1	1	7	0	52719
2	4	7	6	0	1	0	49	1	0	7	1	17387
3	4	8	7	0	0	0	64	1	1	7	2	26954

編號	月份	日期	星期	夜間比賽	TV轉播	特殊活動	氣溫	天氣	明星投手	對手	落後指標	到場人數
4	4	17	2	0	0	0	54	1	1	1	1.5	20135
5	4	18	3	1	0	0	62	0	1	1	0.5	25562
6	4	19	4	0	0	0	64	0	0	1	0.5	21201
7	4	20	5	1	1	0	64	0	0	12	0.5	26651
8	4	21	6	0	1	0	70	0	0	12	0	25530
9	4	22	7	0	1	0	70	1	1	12	1	35250
10	5	4	5	1	1	0	72	1	0	9	4	17705
11	5	5	6	0	1	0	68	0	1	9	5.5	30167
12	5	6	7	0	1	0	68	1	0	9	5.5	4675
13	5	7	1	1	0	0	75	0	0	11	5.5	14065
14	5	8	2	1	1	0	81	0	0	11	5.5	15981
15	5	9	3	1	0	0	94	0	0	11	5.5	14738
16	5	10	4	0	0	0	94	0	1	11	3.5	14394
17	5	11	5	1	0	0	79	1	0	10	3.5	37998
18	5	12	6	0	0	0	61	2	0	10	5.5	28783
19	5	13	7	0	1	0	72	1	0	10	5.5	30083
20	5	14	1	1	1	0	68	2	0	5	4	15650
21	5	15	2	1	0	0	73	1	1	5	5.5	18876
22	5	16	3	1	1	0	78	1	1	5	4	43843
23	6	1	5	1	0	0	83	0	1	3	5.5	33230
24	6	2	6	1	1	1	73	1	0	3	3.5	53539
25	6	3	7	0	1	1	66	1	0	3	5.5	55073
26	6	4	1	1	1	0	66	2	1	6	3.5	30164
27	6	5	2	1	0	0	83	0	0	6	3.5	24988
28	6	6	3	1	1	0	74	1	1	8	3.5	34075
29	6	7	4	0	0	0	79	1	0	8	3.5	20722
30	6	19	2	1	0	1	82	0	1	13	8.5	36211
31	6	20	3	0	1	0	83	0	0	13	9.5	32129
32	6	21	4	0	0	0	77	0	0	13	10	20078
33	6	22	5	1	0	0	73	1	0	4	9.5	33776
34	6	23	6	1	1	0	81	1	1	4	9.5	25818
35	6	24	7	0	1	1	65	0	0	4	10	55049

表 5-10・巨人隊主場比賽的資料（續）

編號	月份	日期	星期	夜間比賽	TV轉播	特殊活動	氣溫	天氣	明星投手	對手	落後指標	到場人數
36	6	29	5	1	1	0	78	0	1	2	9.5	53306
37	6	30	6	0	1	0	77	1	0	2	10	50253
38	7	1	7	0	1	0	87	1	0	2	12	51246
39	7	2	1	1	1	0	79	1	1	2	12	51211
40	7	3	2	1	0	0	87	1	0	7	11	35158
41	7	4	3	1	0	1	71	2	0	7	11	20084
42	7	5	4	0	1	0	69	1	1	7	10	31878
43	7	19	4	1	0	0	88	0	0	9	11	22648
44	7	20	5	1	0	0	85	0	1	9	10.5	30481
45	7	21	6	0	1	1	82	1	1	9	11.5	50084
46	7	22	7	0	1	0	86	0	0	11	11.5	40156
47	7	23	1	1	1	0	88	0	0	11	11.5	20674
48	7	24	2	1	0	0	92	0	0	10	11.5	33497
49	7	25	3	1	1	0	91	1	1	10	12	47449
50	7	26	4	0	0	0	87	1	1	10	12	43141
51	8	3	5	1	0	1	87	0	0	1	14	51151
52	8	4	6	1	1	0	84	1	0	1	15	46407
53	8	5	7	0	0	0	94	0	1	1	16	54478
54	8	6	1	0	1	0	90	0	1	1	15	36314
55	8	7	2	1	0	0	83	0	0	3	14	33513
56	8	8	3	1	1	0	94	1	0	3	14	20048
57	8	9	4	1	0	0	89	0	0	3	13	21535
58	8	13	1	1	0	0	78	0	1	12	15	24977
59	8	14	2	1	0	0	82	1	0	12	14	24125
60	8	15	3	1	1	0	73	1	1	12	14	25905
61	8	16	4	0	0	0	78	0	0	8	14	22036
62	8	17	5	0	0	0	78	0	0	8	14	30372
63	8	18	6	0	0	0	68	2	0	8	14	38695
64	8	19	7	1	1	0	83	0	1	8	14	47723
65	8	30	4	1	1	0	91	0	0	6	15.5	30717
66	8	31	5	1	1	0	88	0	1	6	15.5	35229
67	9	1	6	0	0	0	83	0	0	6	15.5	30130
68	9	2	7	0	1	0	82	1	0	6	15.5	34008
69	9	3	1	0	1	1	86	1	1	2	15.5	46298
70	9	4	2	1	0	0	90	0	0	2	15	37259

編號	月份	日期	星期	夜間比賽	TV轉撥	特殊活動	氣溫	天氣	明星投手	對手	落後指標	到場人數
71	9	5	3	1	1	0	86	0	1	2	15.5	38644
72	9	15	6	0	1	0	77	0	1	5	16	30050
73	9	16	7	0	1	1	79	0	0	5	15.5	40192
74	9	25	2	1	0	0	68	0	0	4	17	15699
75	9	26	3	1	0	0	81	0	1	4	16	16354
76	9	27	4	1	0	0	76	0	0	4	16	12111
77	9	28	5	1	0	0	75	1	0	13	15.5	17647
78	9	29	6	0	0	0	79	1	1	13	15.5	30016
79	9	30	7	0	0	0	71	2	1	13	15.5	21641

各個因子的定義如表 5-11 所示。

表 5-11．各個因子的定義說明

編號	因子項目	代號	說明
1	月份	a_1	每年四月至九月。
2	日期	a_2	日曆上之日期。
3	星期	a_3	週一至週日（1~7）。
4	夜間比賽	a_4	夜間比賽為 1，日間比賽為 0。
5	TV 轉播	a_5	TV 轉播比賽為 1，不轉播比賽為 0。
6	特殊活動	a_6	有特殊活動為 1，無特殊活動為 0。
7	氣溫	a_7	取華氏溫度。
8	天氣	a_8	晴天為 0，多雲為 1，下雨為 2。
9	明星投手	a_9	明星投手上場為 1，無明星投手上場為 0。
10	對手	a_{10}	1~13。
11	落後指標	a_{11}	落後指標之公式**
12	到場人數	a_{12}	該比賽到現場觀看之人數。

$$**\frac{(W-WS)+(LS-L)}{2} \qquad (5\text{-}1)$$

其中：W= 第一名球隊贏的次數。W= 最後一名球隊贏的次數。L= 第一名球隊輸的次數。LS= 最後一名球隊輸的次數。

解：根據表 5-10 及表 5-11，a_1、a_4、a_5、a_6、a_8、a_9 及 a_{10} 已經為離散化之數值，因此只需對 a_2，a_3，a_7，a_{11} 及 a_{12} 列出各級因子的界限值，各個界限值如表 5-12 所示。

表 5-12．各級因子的界限值

	等級 1	等級 2	等級 3	等級 4	等級 5
日期 a_2	1~10	11~20	21~30		
星期 a_3	1~4	5~7			
氣溫 a_7	0~55	56~70	71~85	86~100	
落後指標 a_{11}	$-\infty$~5	6~10	11~15	16~∞	
到場人數 a_{12}	≤ 1500	1501~2500	2501~3500	3501~4500	≥ 4501

接著利用表 5-12 的範圍值代入表 5-9 及表 5-10 進行離散化，如表 5-13 所示

表 5-13．離散化後之數值

編號	月份	日期	星期	夜間比賽	TV 轉播	特殊活動	氣溫	天氣	明星投手	對手	落後指標	到場人數
1	4	5	4	0	1	1	55	1	1	7	0	52719
2	4	7	6	0	1	0	49	1	0	7	1	17387
3	4	8	7	0	0	0	64	1	1	7	2	26954
4	4	17	2	0	0	0	54	1	1	1	1.5	20135
5	4	18	3	1	0	0	62	0	1	1	0.5	25562
6	4	19	4	0	0	0	64	0	0	1	0.5	21201

編號	月份	日期	星期	夜間比賽	TV 轉播	特殊活動	氣溫	天氣	明星投手	對手	落後指標	到場人數
7	4	20	5	1	1	0	64	0	0	12	0.5	26651
8	4	21	6	0	1	0	70	0	0	12	0	25530
9	4	22	7	0	1	0	70	1	1	12	1	35250
10	5	4	5	1	1	0	72	1	0	9	4	17705
~~	~~	~~	~~	~~	~~	~~	~~	~~	~~	~~	~~	~~
71	9	5	3	1	1	0	86	0	1	2	15.5	38644
72	9	15	6	0	1	0	77	0	1	5	16	30050
73	9	16	7	0	1	1	79	0	0	5	15.5	40192
74	9	25	2	1	0	0	68	0	0	4	17	15699
75	9	26	3	1	0	0	81	0	1	4	16	16354
76	9	27	4	1	0	0	76	0	0	4	16	12111
77	9	28	5	1	0	0	75	1	0	13	15.5	17647
78	9	29	6	0	0	0	79	1	1	13	15.5	30016
79	9	30	7	0	0	0	71	2	1	13	15.5	21641

再經由粗糙集模型所得的約簡與核如表 5-14 所示。

表 5-14．經由粗糙集模型所得之約簡與核

約簡（reduct）與核（core）	因子集
reduct 1	$\{a_1, a_2, a_3, a_5, a_7, a_8, a_9\}$
reduct 2	$\{a_3, a_5, a_7, a_8, a_9, a_{10}\}$
reduct 3	$\{a_3, a_4, a_5, a_7, a_9, a_{10}, a_{11}\}$
reduct 4	$\{a_3, a_5, a_6, a_7, a_9, a_{10}, a_{11}\}$
core	$\{a_3, a_5, a_7, a_9\}$

經由實際的分析，核為 $\{a_3, a_5, a_7, a_9\}$，（星期，電視轉播，氣溫及明星投手），這和實際的情形有相當大的吻合。

5.2 Matlab 應用程式

5.2.1 工具箱的特性及需求

本書所發展的粗糙集模型電腦工具箱，有下列幾個特性：

1. 在輸出入介面方面，本文採用 Matlab 的平臺為基本架構，可以輸入無限多組數值（依 Matlab 之版本而定）。
2. 電腦工具箱將目前處理粗糙集模型數據所需的所有相關理論、公式及方法，化為函數型式之執行檔，使用者可以清楚及方便地得知執行函數，可以使資料傳輸的捨棄誤差達到最小。
3. 本書所發展的工具箱，利用 Matlab 與微軟的強大功能，提供複製、剪下、貼上、存檔及印表等各項功能，如此使用者可以方便的取用此部分的資料，對於在論文處理上有極大的助益。
4. 電腦工具箱在系統上的要求為：

   (1) Windows 2000，XP 或後續的版本

   (2)螢幕解析度至少為 1024 × 768

   (3) Matlab 5.3 版或後續的版本

5.2.2 工具箱的內容

在圖 5-3 中列出了本書所發展的Matlab程式，請讀者將所有的檔案拷貝至 Matlab 程式內的 work 目錄下，即可執行。

圖 5-3・本書所提供之 Matlab 程式

5.2.3 U 關於屬性 a 的分類

有關屬性的分類，算法的輸出集輸入為：

(1)輸入：論域 U 與一個屬性 $a \in A$。

(2)輸出：U 關於 a 的分類 $class$。

相對之內容可以看做如表 5-15 的資料。

表 5-15・屬性的分類實例（1：日本。2：臺灣。3：美國）

編號	國籍
1	2
2	2
3	3
4	3
5	2
6	1
7	2
8	1
9	2

而工具箱的執行畫面如圖 5-4 所示。

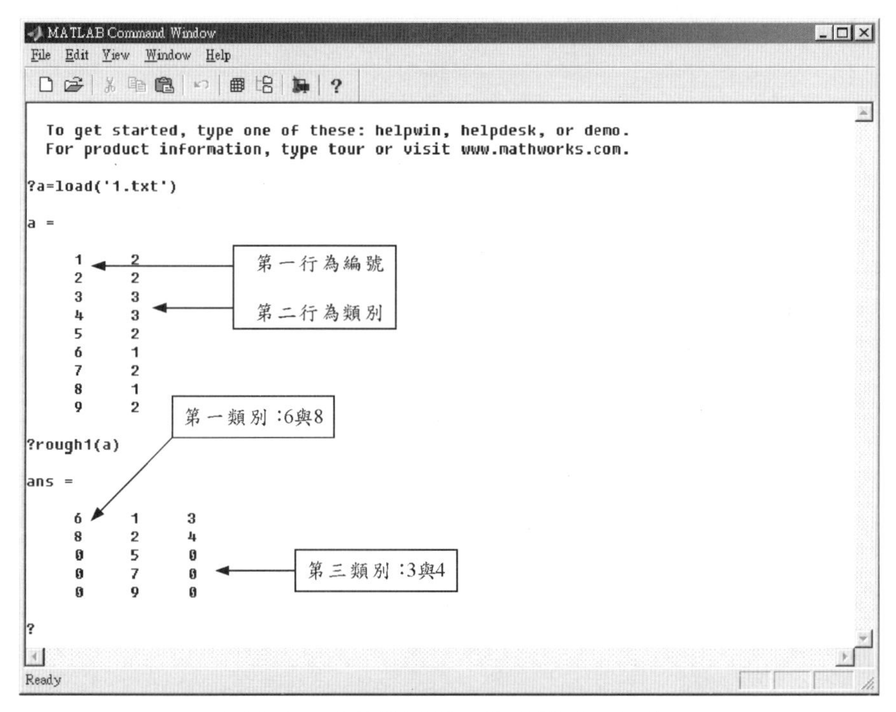

圖 5-4・U 關於屬性 a 的分類（calss）

分類後之結果如表 5-16 所示。

表 5-16・屬性分類後之結果

國籍	編號
1：日本	6,8
2：臺灣	1,2,5,7,9
3：美國	3,4

5.2.4 不可分辨關係

(1)輸入：$U|a=\{a_2, a_2, \cdots, a_k\}$，$U|b=\{b_2, b_2, \cdots, b_1\}$

(2)輸出：$U|(a\cup b)$，$U|(b\cup a)$

表 5-17・不可分辨關係實例

（國籍 1：日本。2：臺灣。3：美國；職業：1：自由業。2：公務員。3：商人）

編號	國籍（a）	職業（b）
1	2	1
2	2	2
3	3	1
4	3	3
5	2	2
6	1	3
7	2	2
8	1	3
9	2	3

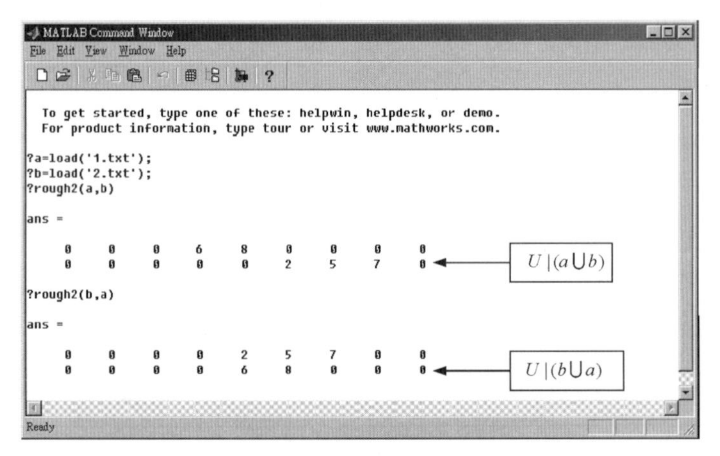

圖 5-5・不可分辨關係（indiscernibility relation）

5.2.5 依賴度

對任意$C,D\subseteq A$，計算D對C的依賴度

(1)輸入：$U|C=\{X_2,X_2,\cdots,X_k\}=\{a_2,a_2,\cdots,a_k\}=\{b_2,b_2,\cdots,b_1\}$，

$U|D=\{Y_2,Y_2,\cdots,Y_1\}=\{c_2,c_2,\cdots,c_1\}$

(2)輸出：$\gamma_C(D)=\dfrac{|pos|}{\sum_{i=1}^{k}|X_i|}$

表 5-18・依賴度實例

編號	國籍（a）	職業（b）	性別（c）
1	2	1	1
2	2	2	1
3	3	1	1
4	3	3	0
5	2	2	1
6	1	3	0
7	2	2	0
8	1	3	1
9	2	3	0

*國籍（1：日本。2：臺灣。3：美國）　*性別（0：女性。1：男性）

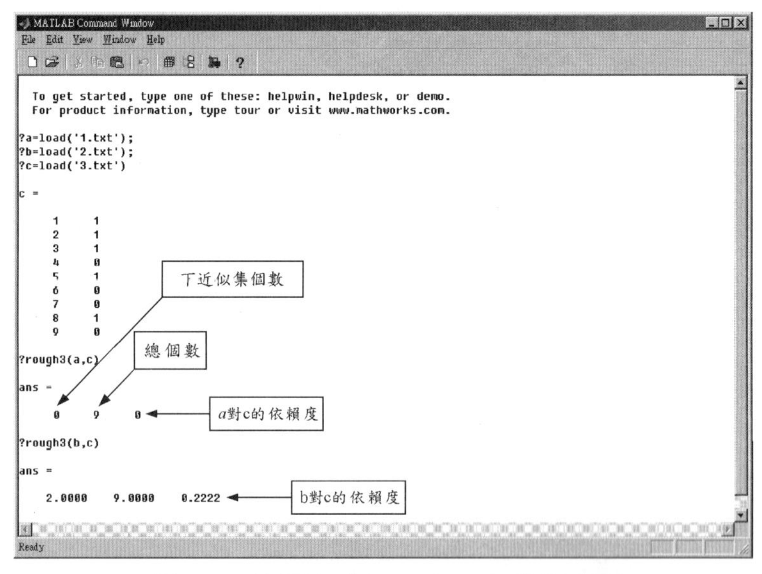

圖 5-6・依賴度（dependents）執行畫面

5.2.6　分群類別

(1)輸入：分群資料 a 與分群數 b

(2)輸出：類別 c

表 5-19・欲分群的數值

編號	數值
1	1
2	9
3	3
4	11
5	5
6	7
7	10
8	54
9	155

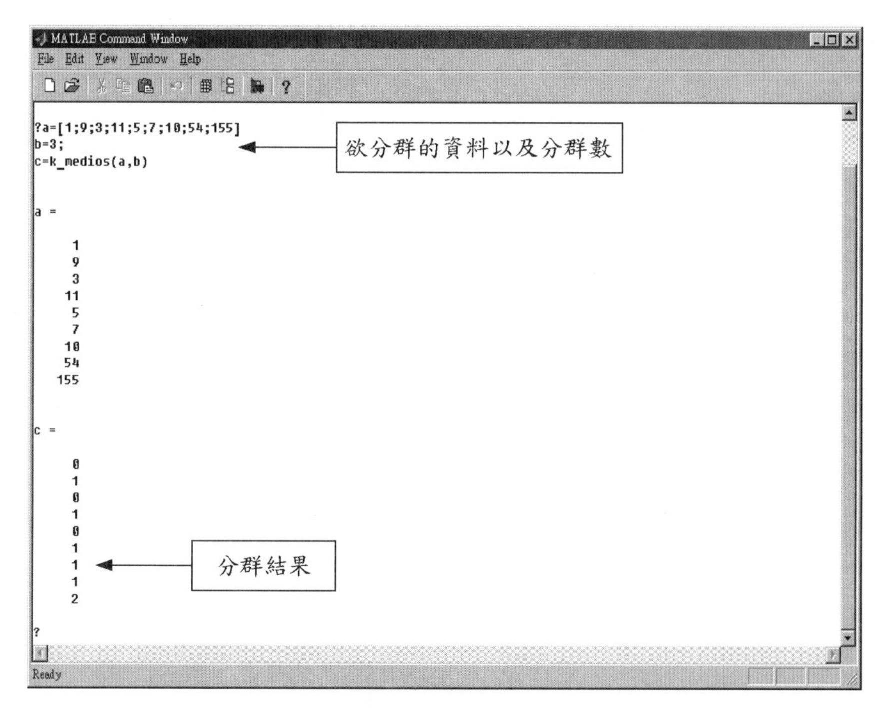

圖 5-7．分群結果

表 5-20．分群結果

編號	數值	結果
1	1	0
2	9	1
3	3	0
4	11	1
5	5	0
6	7	0
7	10	1
8	54	1
9	155	2

5.2.7 核：對任意非空集合 $C, D \subseteq A$，求 C 的 D 核

(1)輸入：屬性子集合 $C = \{a_1, a_2, a_3, \cdots, a_k\}$，論域 U 與 $U|D$

(2)輸出：C 的 D-核 *core*

表 5-20・欲求核之數值

編號	a_1	a_2	a_3	a_4	d
1	3	1	1	3	0
2	3	1	2	3	0
3	3	2	3	3	0
4	3	2	3	2	1
5	1	2	3	2	1
6	1	2	3	2	1
7	2	3	2	2	1
8	2	3	2	1	0
9	3	3	2	1	1

表 5-21・核結果

編號	a_1	a_2	a_3	a_4
核數值	0.2222	0.2222	0.1111	0.7778

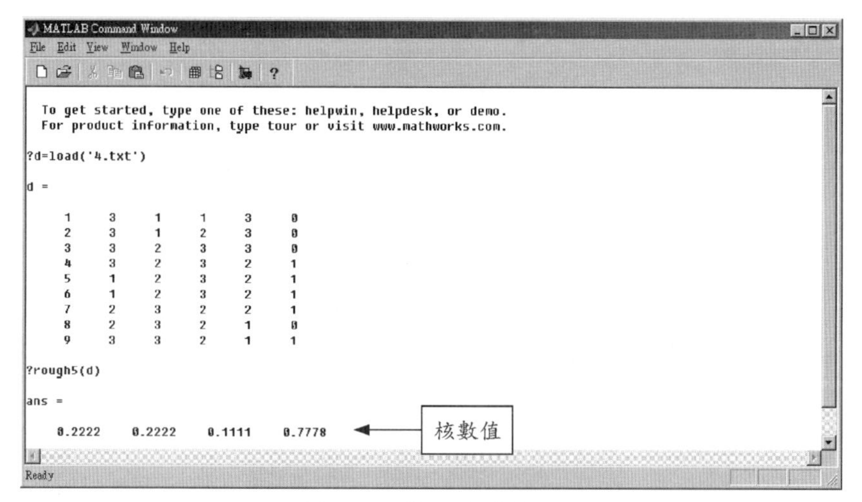

圖 5-8・執行核的結果

表示第三屬性為最不重要，而第四個屬性為最重要。

參考文獻

在本節將本書中的有關參考文獻依語文類別及年代先後加以排列。

中文部分

[1]胡壽松，何業群，粗糙決策理論與應用，北京航空航天大學出版社，北京，2000 年。

[2]方世榮，統計學，五南圖書公司，臺北，2003 年。

[3]馮斌，謝先芝，基因工程技術，五南圖書公司，臺北，2003 年。

[4]温坤禮，賴家瑞，「灰色 GM (*h*, *N*)分析與粗糙集方法之比較研究」，計量管理期刊，第一卷，第一期，頁 39-58，2004 年。

[5]X. F. Zhang, Q. L. Zhang, "Program realization of rough set attributes reduction," Proceedings of the 6th World Congress on Intelligent Control and Automation (WCICA2006), Piscataway: IEEE, pp. 5995-5999, 2006（中文）.

[6]張文修，吳偉志，梁吉業，李德玉，粗糙集理論與方法，科學出版社，北京，2006 年。

[7]陳素娥，整合性醫療管理模式建立與績效之關聯性研究—以中縣某教學醫院子宮頸癌防治篩檢為例，朝陽科技大學企業管理系碩士論文，臺中，2006 年。

[8]張維福，吳有基，溫坤禮，「線性模糊灰模式預測氣體絕緣破壞」，中華民國第二十七屆電力工程研討會，OE6.4.1-OE6.4.5，2006 年。

[9]温坤禮，張簡士琨，葉鎮愷，王建文，林慧珊，Matlab 於灰色系統理論的應用，全華圖書公司，臺北，2006 年。

[10]葉倍宏，MATLAB 7 程式設計—基礎篇，全華圖書公司，臺北，2006 年。

[11]苗奪謙，王國胤，劉清，林早陽，姚一豫，粒計算：過去，現在與展望，科學出版社，北京，2007 年。

日文部分

[1]永井正武，山口大輔，理工系學生と技術者のためのわかる灰色理論と工學應用方法，共立出版（日本），2004 年。

[2]森典彥，田中英夫，井上勝雄編，データからの知識獲得と推論ラフ集合と感性，海文堂（日本），2004 年。

英文部分

[1]L. A. Zadeh, "Fuzzy sets," *Information and Control*, vol. 8, no, 3, pp.338-353, 1965.

[2]Z. Pawlak, "Rough sets," International Journal of Computer and Information Sciences, vol. 11, no. 5, pp.341-356, 1982.

[3]Z. Pawlak, Rough sets- theoretical aspects of reasoning about data, Boston: Kluwer Academic Publisher, 1991.

[4]Z. Pawlak, J. G. Busse, R & Slowinski, et al, "Rough sets[J]," Communication of the ACM, vol. 38, no. 11, pp.89-95, 1995,

[4]G. Krist, Chaos theory, Jove Publisher, 2001.

[5]K. L. Wen, Grey systems: modeling and prediction, Yang's Scientific Research Institute, USA, 2004.

[6]T. C. Chang, "A forecasting model of dynamic grey rough set and its application on stock selection", Lecture Notes in Computer Science (LNSC), LNCS vol. 3782, pp.360-374, 2005

[7]Springer, "Rough sets and current trends in computing," Proceedings of 5th International Conference, RSCTC 2006, Japan, Springer Berlin Heidelberg, New York. 2006.

[8]T. C. Chang, An integrated approach of data mining and grey theory on stock selection and

investment strategy , Gau Lih Book Co., LTD, Taipei, 2006.

[9]G. D. Li, D. S. Yamaguchi, H. S. Lin, K. L. Wen & M. T. Nagai, "A grey-based rough set approach to suppliers selection problem," Proceedings of RSCTC 2006, pp.487-496, 2006.

[10]G. D. Li, D. Yamaguchi, M. Nagai & M. Kitaoka, "A research on grey model by grey interval analysis," Journal of Grey System, vol. 9, no. 2, pp.103-114, 2006.

[11]K. L. Wen, C. W. Wang & C. K. Yeh, "Apply rough set and GM(h, N) model to analyze the influence factor in gas breakdown," IEEE SMC 2007 Conference, pp.2771-2775, 2007.

[12]G. D. Li, D. Yamaguchi & M. Nagai, "A grey-based rough decision-making approach to supplier selection," International Journal of Advanced Manufacturing Technology, Springer, 2007. [DOI 10.1007/s00170-006- 0910-y]

[13]D. Yamaguchi, G. D. Li & M. Nagai, "A grey-rough set approach for interval data reduction of attributes," Proceedings of the International Conference on Rough Sets and Emerging Intelligent Systems Paradigms (RSEISP 2007) - Lecture Notes in Artificial Intelligence (LNAI), Springer, vol. 4585, pp.400-410, Warsaw Poland, June 2007.

[14]D. Yamaguchi, G. D. Li & M. Nagai, "A grey-rough approximation model for interval data processing," Information Sciences, Elsevier, vol. 177, no. 21, pp.4727-4744, 2007.

附　錄

本節主要將近年來，台灣所發表的的粗糙集理論之相關之博碩士論文列出以做參考（節錄自政治大學圖書館之博碩士論文檔案）。

[1]簡敬倫，動態灰粗集合預測模型之研究與其在優化股市投資組合之應用，嶺東科技大學，財務金融研究所，碩士論文，2004 年。

[2]林冠宇，智慧型多層次股市篩選模型與投資策略之應用，嶺東科技大學，財務金融研究所，碩士論文，2004 年。

[3]林彥廷，應用粗糙集分析 IC 封裝業之客訴案件，勤益科技大學，生產系統工程與管理研究所，碩士論文，2004 年。

[4]王政雄，使用環場及 PTZ 攝影機結合之系統從事廣域安全監控，臺灣師範大學，資訊工程研究所，碩士論文，2004 年。

[5]紀隆裕，動態廣義式變精度粗集合預測模型之研究與其在優化股市投資組合之應用，嶺東科技大學，財務金融研究所，碩士論文，2005 年。

[6]陳峰毅，智慧型多層次篩選模型與風險值在平行式投資組合之策略應用，嶺東科技大學，財務金融研究所，碩士論文，2005 年。

[7]劉義松，粗集理論疾病鑑別模型——以腹部疾病診斷為例，雲林科技大學，資訊管理所，碩士論文，2005 年。

[8]林蒼亨，運用粗糙集合理論於二階段方法中探勘糖尿病臨床用藥知識，雲林科技大學，資訊管理所，碩士論文，2005 年。

[9]鄭昆發，使用概念圖在問題本位學習環境中的教學回饋機制，中原大學，資訊工程研究所，碩士論文，2005 年。

[10]葉佐禮，CNC 工具機熱變位補償一實驗方法設計與資料處理，中興大學機械工程學所，碩士論文，2005 年。

[11]李雅菁，資料探勘分析IC封裝業客訴案件之研究，逢甲大學，工業工程與系統管理學研究所，碩士論文，2005 年。

[12]施奕良，知識表達方法於影像判釋之研究—以粗糙集合理論與主成分分析為例，逢甲大學，環境資訊科技研究所，碩士論文，2005 年。

[13]陳承昌，支持向量機及 Plausible Neural Network 於水稻田辨識之研究，交通大學，土木工程所，碩士論文，2005 年。

[14]林俊宏，基於智慧選股系統在股市現貨與選擇權投資組合策略研究，嶺東科技大學，財務金融研究所，碩士論文，2006 年。

[15]林煜淇，應用粗糙集合理論於協助鑑定學習障礙學生之研究，彰化師範大學，資訊管理學所，碩士論文，2006 年。

[16]王吉成，連續型粗糙集理論資料萃取技術—以雪霸崩塌地為例，嶺東科技大學，資訊科技應用研究所，碩士論文，2006 年。

[17]陳政宇，應用空間資訊與布林粗集合於土石流之研究—以陳有蘭溪流域為例，嶺東科技大學，資訊科技應用研究所，碩士論文，2006 年。

[18]廖文正，資料挖掘整合規則推論方法應用於不動產價格評估模式之研究，中興大學，應用經濟學系所，博士論文，2006 年。

[19]林宜君，基於粗糙集的供應鏈模式，暨南國際大學，資訊管理學所，碩士論文，2006 年。

[20]張志豪，粗集合理論在股市篩選之應用與期貨組合投資之策略研究，嶺東科技大學，財務金融研究所，碩士論文，2007 年。

[21]李碩健，機率粗集合預測模型之研究及其應用，嶺東科技大學，資訊科技應用研究所，碩士論文，2007 年。

索引

A

a finite set of objects 全集合 107
ambiguity 模稜兩可 13
ambiguity 模稜兩可性 10
attributes set 屬性集 107

B

basic category 基本範疇 40
basic concept 基本概念 40
basic knowledge 基本知識 40
belief function 信任函數 14
belief networks 信度網路 9
Benjamin Franklin 佛蘭克林 156
boundary 邊界域 46

C

C. E. Shannon 仙農 3
Cartesion 笛卡爾積 27
center 中心 122
chaos 混沌 9
class 分級 84
cluster centers 群中心 122
clustering problem 分群問題 122
concept 概念 5
core 核 11, 136

D

data mining 數據挖掘 11
decomposition theorem 分解定理 102
Dependents 依賴度 134
difference function 差分方程的函數 14
dispensable 可省略性 131
distance 距離 76
domain 值域 107

E

elementary category 初等範疇 40
elementary knowledge 初等知識 40
elementary set 基礎集 68
entropy 熵 3
equal interval width 等間距離散化 117
equivalence relationship 等效關係 37

F

frequency 頻率 157

G

GA 遺傳算法 9
grade 級 117
granularity 顆粒 10

H

hard computing 硬計算 9

hybrid intelligent system 混合智能系統 19

I

imperfect 不完備 2

imprecision 不精確 13

incomplete 不完整 4

inconsistent 不一致 4

independent 獨立性 131

indiscernibility relation 不可分辨關係 37

indiscernibility 不可分辨 13

indiscernible 相同 68

information function 資訊函數 107

information system, IS 資訊系統 107

K

k-means 分群法 *k*-means clustering 122

know-ledge discovery in databases, KDD 數據庫中的知識發現 11

L

learning from examples 從範例中學習 12

lightning arrester 避雷針 156

lower approximations 下近似集 45

M

MIQ 機器智商 19

multi-input 多輸入方式 14

multi-output 多輸出 14

N

Negative 負域 46

non-parametric statistics 非參數化統計 19

non-standard analysis 非標準分析 19

numerical method with guaranteed accu-racy 精確度 74

P

parameters 變量 9

pattern 模式 10

plausibility 似然值 14

Positive 正域 46

prototypes 代表點 122

R

radius 半徑 76

reduct 約簡 11, 136

rough logic 粗糙邏輯 19

rough membership function 粗糙集歸屬函數 61, 150

rough set 粗糙集 2

rule 規則 10

S

significant 重要性 148

soft computing 軟計算 9

square error 平方誤差 122

superfluous 多餘 11

T

temperature 溫度 157

torr 大氣壓力 156

U

uncertainty 不確定性 2

universe 論域 5

upper approximations 上近似集 45

V

vagueness 含糊 13

verification 證實 12

W

width 寬度 76

國家圖書館出版品預行編目資料

粗糙集入門與應用／An Introduction to Rough Set Theory and Application／温坤禮, 永井正武, 張廷政, 温惠筑著. 一初版.一臺北市：五南, 2008.03
面；　公分.
I S B N: 978-957-11-5133-5（平裝）
1.應用數學
319.9　　97002425

5DA2

粗糙集入門及應用

An Introduction to Rough Set Theory and Application

作　　者 — 温坤禮（319.4）　永井正武（492）
張廷政（214.3）　温惠筑（319.5）

發 行 人 — 楊榮川

總 編 輯 — 龐君豪

主　　編 — 穆文娟

責任編輯 — 蔡曉雯

封面設計 — 簡愷立

出 版 者 — 五南圖書出版股份有限公司

地　　址：106 台北市大安區和平東路二段 339 號 4 樓

電　　話：(02)2705-5066　傳　　真：(02)2706-6100

網　　址：http://www.wunan.com.tw

電子郵件：wunan@wunan.com.tw

劃撥帳號：01068953

戶　　名：五南圖書出版股份有限公司

台中市駐區辦公室 / 台中市中區中山路 6 號

電　　話：(04)2223-0891　傳　　真：(04)2223-3549

高雄市駐區辦公室 / 高雄市新興區中山一路 290 號

電　　話：(07)2358-702　傳　　真：(07)2350-236

法律顧問　得力商務律師事務所　張澤平律師

出版日期　2008 年 3 月初版一刷

定　　價　新臺幣 250 元

凝煉知識 品味閱讀